中等职业学校动漫专业一体化丛书

网页美工设计

主　编　刘　蓉
副主编　郑燕玲　钟　鼎　邓兴兴

暨南大学出版社
JINAN UNIVERSITY PRESS

中国·广州

图书在版编目（CIP）数据

网页美工设计/刘蓉主编；郑燕玲，钟鼎，邓兴兴副主编．—广州：暨南大学出版社，2015.8（2021.1 重印）
（中等职业学校动漫专业一体化丛书）
ISBN 978-7-5668-1428-9

Ⅰ.①网…　Ⅱ.①刘…②郑…③钟…④邓…　Ⅲ.①图像处理软件—中等专业学校—教材　Ⅳ.①TP391.41

中国版本图书馆 CIP 数据核字(2015)第 106606 号

网页美工设计
WANGYE MEIGONG SHEJI
主　编：刘　蓉　副主编：郑燕玲　钟　鼎　邓兴兴

出 版 人：张晋升
策划编辑：胡艳晴
责任编辑：龙梦姣
责任校对：焦　婕
责任印制：汤慧君　周一丹

出版发行：暨南大学出版社（510630）
电　　话：总编室（8620）85221601
营销部（8620）85225284　85228291　85228292　85226712
传　　真：（8620）85221583（办公室）　85223774（营销部）
网　　址：http://www.jnupress.com
排　　版：广州联图广告有限公司
印　　刷：深圳市新联美术印刷有限公司
开　　本：787mm×1092mm　1/16
印　　张：13.75
字　　数：335 千
版　　次：2015 年 8 月第 1 版
印　　次：2021 年 1 月第 3 次
定　　价：38.00 元

总　序

计算机动漫与游戏制作专业是广州市交通技师学院信息工程系的拳头专业，2013年被纳入国家中等职业教育改革发展示范学校建设重点支持专业。在示范校建设过程中，信息工程系通过与企业和周边社区合作，建立技能提升平台和综合职业能力强化平台，构建了工学结合“双平台”人才培养模式；学校、企业、课程专家共同参与，调研分析企业岗位工作任务，开发教学项目，设计项目课程，进一步优化课程结构，建设优质教学资源，构建出项目式一体化课程体系。通过两年的建设，计算机动漫与游戏制作专业已经成为校企社深度融合的开放式国家示范性专业，在中等职业教育改革发展中发挥引领、骨干和辐射作用。

中等职业教育基于工作过程系统化课程开发模式，所产生的结果就是项目式课程。在课程开发过程中，召开实践专家访谈会提炼出职业岗位群的典型工作任务，经过教育专家的设计转化，形成了以学生为中心、以任务为载体的学习领域，目前已有多个学习领域构建出专业课程方案。显然，传统的学科式教材已经不能满足该类课程的需要。2013年4月，信息工程系成立由2名专业带头人、12名骨干教师组成的教材开发团队，通过1年多的不懈努力，编写出8本项目式校本教材。经过6个教学班级试用，开发团队发现，师生对教材反应良好，具有推广价值。经过各位老师进一步修订后，最终形成本套丛书并出版发行。

本套动漫系列教材共有6册，其中《产品效果图设计（三维建模）》由余毅能主编，周敏慧、王睿副主编；《网页美工设计》由刘蓉主编，郑燕玲、钟鼎、邓兴兴副主编；《海报设计》由靳妍主编，谭伟玉、梁倩雅、罗敏琼副主编；《产品摄影》由黄远岸主编；《Flash动画制作》由邓兴兴主编，刘索云、张惠静、刘蓉副主编；《后期特效设计》由周敏慧主编，卢洁仪、余毅能副主编。

由于时间和精力所限，本套丛书中可能存在一些疏漏甚至错误，请各位专家和读者批评指正，望能及时联系作者或者出版社，我们将尽快修正。

丛书编写组

2015年5月

目　录

总　序

1　色彩基础知识与应用

2　网页中的版式设计

3　BURGER KING 品牌网页美工设计

4 马卡龙品牌网页美工设计

5 星巴克品牌网页美工设计

6 地下铁品牌网页美工设计

7 必胜客品牌网页美工设计

8　马卡龙品牌网页美工设计之二

9　星巴克品牌网页美工设计之二

10　大禾寿司品牌网页美工设计

11　元气寿司品牌网页美工设计

12　肯德基品牌网页美工设计

1　色彩基础知识与应用

色彩是光从物体反射到人的眼睛所引起的一种视觉心理感受，按字面含义可分为“色”和“彩”。“色”指人对进入眼睛并传至大脑的光所产生的感觉；“彩”指多色的意思，是人对光变化的理解。

1.1　常用色彩名词

三原色：绘画色彩中最基本的颜色有三个，即红、黄、蓝，称之为原色。这三个原色颜色纯正、鲜明、强烈，且其本身是无法调出的，但是它们相混合可以调配出多种色彩。

间色：间色是由两个原色相混合得出的色彩，如黄调蓝得绿、蓝调红得紫。

复合色：复合色是将两个间色（如橙与绿、绿与紫）或一个原色与相对应的间色（如红与绿、黄与紫）相混合得出的色彩。复合色包含了三原色的成分，是色彩纯度较低的含灰色彩。

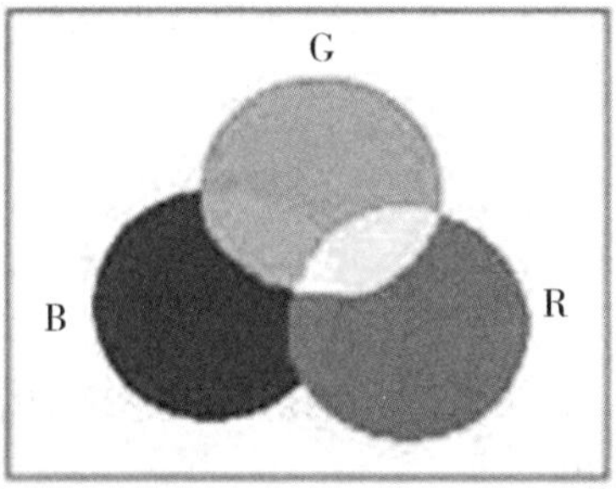

光的三原色

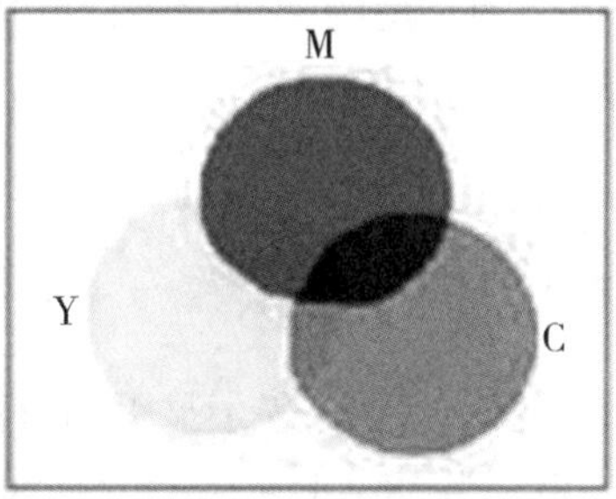

颜料三原色

图 1.1.1

1.2　其他色彩名词

对比色：色相环中相隔 120° 至 150° 的任何三个颜色被称为对比色。

同类色：同一色相环中不同倾向的系列颜色被称为同类色。如黄色可分为柠檬黄、中黄、橘黄、土黄等，这些“黄”都称为同类色。

互补色：色相环中相隔 180° 的颜色被称为互补色。如：红与绿，蓝与橙，黄与紫互为补色。互补色相减（如演练配色时，将两个互补色颜料涂在白纸的同一点上）时，就成为黑色；互补色并列时，会引起强烈对比的色觉，会感到红的更红、绿的更绿，如将互补色的饱和度减弱，即能趋向调和。

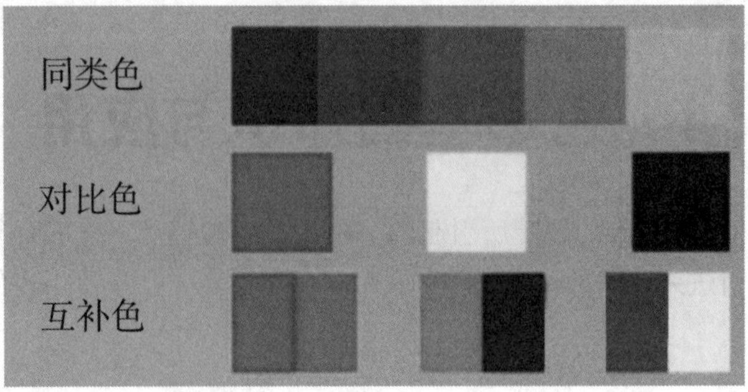

图 1.2.1

1.3　各种因素影响下产生的色彩

光源色：由各种光源发出的光(室内光、室外光、人造光)，光波的长短、强弱、比例性质不同形成的不同色彩被称为光源色，一般在物体亮部呈现。

固有色：自然光线下的物体所呈现的本身色彩被称为固有色。在一定的光照和周围环境的影响下，固有色会产生变化，对此初学色彩者要特别注意，固有色一般在物体的灰部呈现。

环境色：物体周围环境的颜色由于光的反射作用，引起物体色彩的变化被称为环境色。特别是物体暗部的反光部分变化比较明显。

1.4　色彩的三要素

色相：指色彩的相貌，是色彩最显著的特征，是不同波长的色彩被感觉的结果。光谱上的红、橙、黄、绿、青、蓝、紫就是七个不同的基本色相。

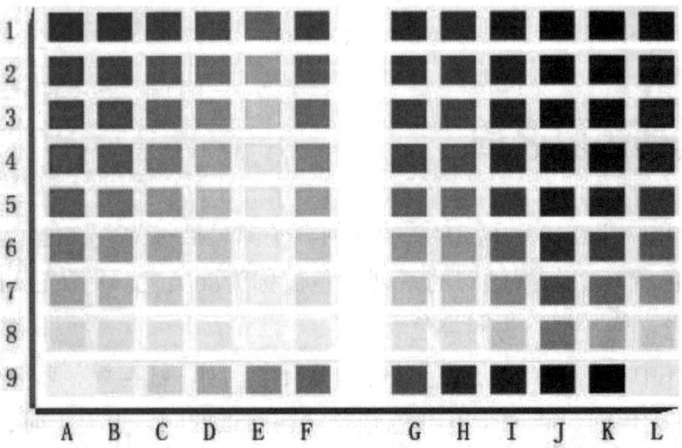

图 1.4.1

明度：指色彩的明暗、深浅程度的差别，它取决于反射光的强弱。明度包括两个含义：一是指一种颜色本身的明与暗；二是指不同色相之间存在着明与暗的差别。

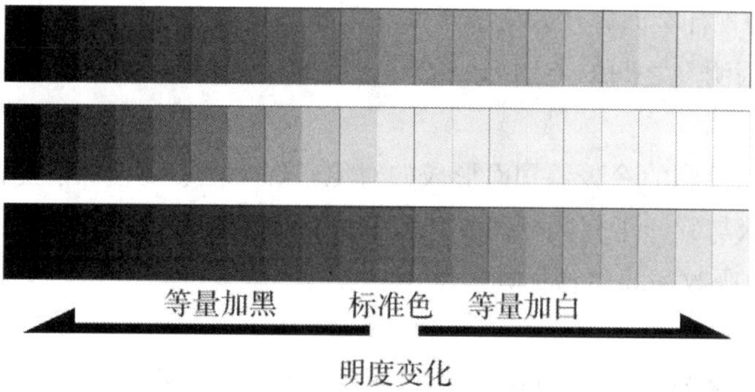

图 1.4.2

纯度：也称彩度、艳度、浓度、饱和度，指色彩的纯净程度。

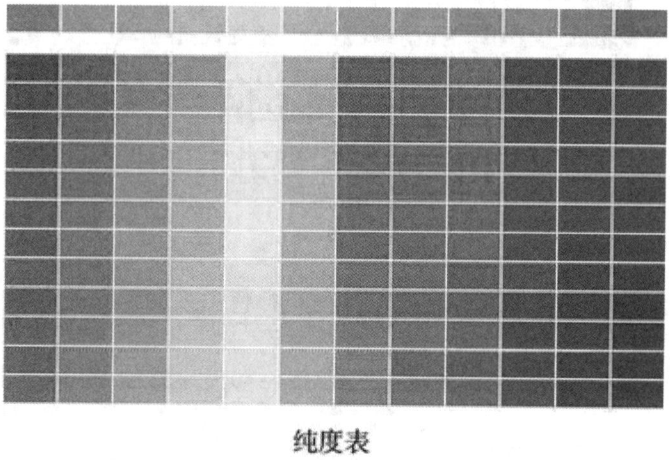

图 1.4.3

1.5　色彩的调和

光源色调和：指在带有明显光源色的影响下，统一染上光源色所构成的色彩调和。

主调调和：指某类物体色彩占统治的成分所构成的调和。

中性色调和：黑、白、灰、金、银五色为中性色，它们与任何色彩搭配，都能独立承担起各色之间的缓冲与补色平衡。在任何不协调的色彩之间，只要间隔一条黑色或银色中性色线条，立刻就能将整幅画的色彩统一起来。

1.6 色彩的对比关系

色相对比：指因色相之间的差别形成的对比。当主色相确定后，必须考虑其他色彩与主色相是什么关系，要表现什么内容及效果等，这样才能增强其表现力。

明度对比：指因明度之间的差别形成的对比。柠檬黄明度高，蓝紫色明度低，红色和绿色属中明度。

冷暖对比：指因色彩的冷暖差别而形成的对比。红、橙、黄使人感觉温暖；蓝、蓝绿、蓝紫使人感觉寒冷；绿与紫介于其间。另外，色彩的冷暖对比还受明度与纯度的影响，白光反射率高而感觉冷，黑色吸收率高而感觉暖。

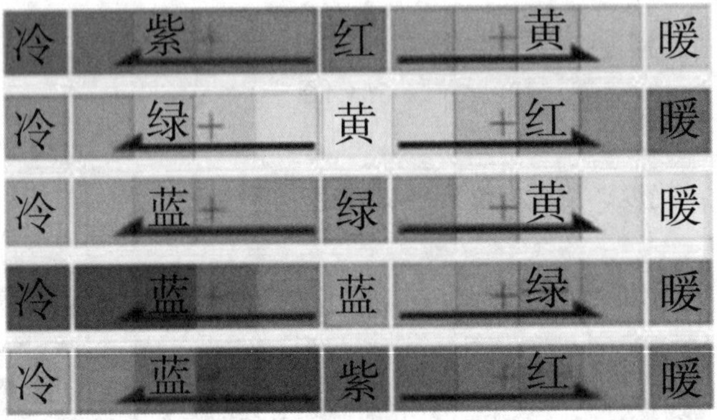

五大色系冷暖变化

图 1.6.1

补色对比：将红与绿、黄与紫、蓝与橙等具有补色关系的色彩彼此并置，使色彩感觉更为鲜明，纯度增加，称为补色对比。

图 1.6.2

1.7 色调

色调指的是一幅画中画面色彩的总体倾向，是大的色彩效果。在大自然中，我们经常见到这样一种现象：不同颜色的物体或被笼罩在阳光的金色之中，或被笼罩在月光的淡蓝色之中，或被笼罩在秋天的金黄色之中，或被笼罩在冬季的银白色之中。这种在不同颜色的物体上，笼罩着某一种色彩，使不同颜色的物体都带有同一色彩倾向的色彩现象就是色调。色调是画面色彩构成的总体效果，也是作画者在写生过程中，将对象的色彩从色相、明度、纯度及面积大小分布等几个方面，在画面上进行组织、加工、调整后形成的，因此带有主观性，它并不是客观对象的照搬。

1. 色调和色彩的重要意义

在当今美术高考色彩中，色调是精髓部分。一张好的色调作品是迈向高分的关键一步。色彩构成对现代设计和绘画起到巨大的作用，如室内装饰、服装、国画等。

2. 影响色调的因素

（1）光源色。

色彩是不稳定的，它会因光线的变化而变化，受光面与背光面的色彩呈现出互补色的关系，这也是阳光下的风景色彩的一个基本特点。室内自然光线下景物的色调就普遍偏向冷色，但如果在有色灯光的照射下，光源颜色的冷暖决定静物的冷暖。

（2）主体色。

主体色是决定画面色调走向的主要色彩，它可能是画面中面积最大的一块色彩，也可能是画面中纯度最高、最引人注目的一块色彩。主体色的重要性体现在画面其他色彩都要以它为中心而展开，依据主体色的纯度、明度调整自身的色彩，共同形成统一和谐的画面色调。

（3）个人用色习惯。

个人用色习惯与色彩感觉会影响色彩。作画者都有自己的习惯，画面色调的确定与个人用色习惯有直接的关系，比如梵高就喜欢用纯度较高的色彩，反差大，容易形成充满旺盛生命力的视觉效果。而有些画家则喜欢用单纯而含蓄的色彩，比如维亚尔，他喜欢用土黄、赭石、熟褐一类色相较近的色彩，追求色彩间的微差正是他色彩语言的特点。

每个人的色彩感觉有很大的差异，对色彩感觉敏锐的人来说，丰富多变的色彩从自然中拿来即可，像莫奈这样的色彩大师就具有这种天赋，而且难以模仿。而对于缺乏色彩感觉的人或初学者，则可以通过对技术的合理运用、对色彩的理性控制使色彩关系合乎规律。

3. 色调的分类

色调可以从以下四个方面来分类：①以明度来分类：亮调、灰调和暗调。②以纯度来分类：鲜调、中纯度色调和灰调。③以色性来分类：冷色调、暖色调和中性色调。④以色相来分类：红、黄、橙、蓝、绿、紫、赭。

4. 色调与色彩的关系

色调与色彩的关系是密不可分的。色彩关系合理有序，画面色调感就强；色彩关系凌乱无序，画面就缺少色调感。换句话说，要想获得画面的整体色调，就必须建立和谐统一的画面色彩关系，推敲用色的纯度、明度，并对色彩进行适当的归纳与概括。对现实的色彩进行归纳与概括，或者说准确把握一幅画面的整体色彩关系，是完成一幅作品的必要条件。如果在落笔前就能明确要表现对象的整体色调，那么局部色彩也会随之变得明确而容易把握，色彩的整体关系就不会出现大的偏差，这时，色调就成了作画者对缤纷的自然色彩进行归纳和概括的有效手段。

5. 色调中的大体色彩关系

色彩关系：指两个或两个以上物体，前后、左右、上下之间或物体本身之间的冷暖、明度、纯度关系。

明度：前亮后灰。

纯度：前纯后灰。

冷暖：暖光下，受光部位偏暖，暗部偏冷；冷光下，受光部位偏冷，暗部偏暖。

色相相同，便从明度、冷暖上去找物体之间的色彩差异。

6. 色调的构建原则

（1）和谐之美。

和谐是指色彩作品中色彩相互协调，在差异中趋向一致的视觉效果。和谐是构建画面氛围的重点之一。

（2）对比变化。

对比是一幅作品形成的基本条件，是一种艺术的表现手法。一幅作品的色彩在色相、纯度、明度上的差异，以及色块的大小、曲直、虚实、动静、强弱、清浊、冷暖、聚散、断续、阴阳、简繁、疏密等都有重要的对比关系。恰当地运用对比手法，强化对比效果，可以提高艺术表现力和感染力。

（3）主次原则。

画面色彩有主次之分，形成画面基调的色彩是主体色，比如蓝色调中大面积的蓝色。衬托色和点缀色是次要色彩，它们对画面的色调不起决定作用，但通过对比，它们能起到丰富画面的作用。

（4）均衡原则。

画面的均衡包括两层意思，一层是画面重量感的均衡，另一层是色彩对比上的相对稳定感，要使画面均衡、统一，一定要避免一边倒或头重脚轻的情况出现。均衡的画面是以画面的偏中心为基准，向上下、左右或对角线作重量来调整的，稳定的色彩关系使画面有舒适、优雅的视觉效果，是色彩具有美感的表现。

（5）节奏原则。

作品中色彩的配置富有节奏感，才能产生统一中有变化的美感。如果画面中都是比较极端的颜色，如大红色、大紫色，就会令人烦躁不安；如果画面中全是灰色就会显得消沉，没有活力。只有将纯色、间色、中性色作合理搭配，用心经营位置，推敲用色，才能获得富有节奏感的画面效果。

7. 组织色调的方法

（1）主体色配色法。

主体色是形成画面色调的基本色彩，其作用是决定性的，因此主体色在画面中应是最醒目的。

（2）概括归纳法。

概括归纳法简单来说就是把色彩作简化处理，这不等于随意，而是对自然色彩进行符合整体特征的归纳。掌握概括归纳法的关键在于要对色彩作准确观察，在绘画中，观察也是一种思考，思考的结果就是提炼出最能反映事物本质的特征色彩。

（3）微差法。

微差简单地讲就是过渡和对比微弱，不明显，可以营造出一种和谐统一的色调感。这种微差效果的运用，需要围绕画面的中心部分展开，将画面的色彩关系向丰富的方向引导。

微差的运用涉及主体色与点缀色双方的面积对比，如果大色调已经确定，即使局部有小面积的色彩与主调形成较大反差也不会影响主色调，相反恰当的对比会使画面色彩更具张力。

（4）透底法。

透底法是一种制作感较强的色调组织方法。其作画步骤是：先在整个画面薄涂一种基色，然后在基色上附加色彩。色彩不作大面积覆盖，而是适当露出底色，形成两层或多层色彩层次感的透气效果。

1.8 网页中色彩的应用

色彩是艺术表现的元素之一。在网页设计中，网页设计师根据内容和谐、布局平衡和突出重点的设计原则，将不同的色彩进行组合、搭配，构成令人赏心悦目的网页页面。同时，色彩对人们的心理也具有一定的影响力，网页设计师将合理地运用这一特点进行网页设计。

在网页设计中起码应该把握以下几点色彩设计的原则：

1. 确定网页的主色调，选择衬托色彩，凸显网站内容和主题

平日里我们浏览的网页，一般都是以浅色调为主，如：人人网以浅蓝色为基调，豆瓣网以浅绿色为基调，沪江网以浅灰色为基调等。以浅色为底，给人以柔和素淡的感觉，配合深色的文字，让人视觉上得到舒适的感觉。浅色的基调有利于整体页面的搭配，便于突出网页的重点内容，方便阅读。其他的如背景图片等次要内容，不能喧宾夺主，要采用不那么抢眼的颜色。而需要得到突出表现的内容，就适宜采用明亮的色彩，或者与背景色对比度大的色彩，对网页的浏览者产生强烈的视觉冲击，但不宜过多使用，否则反而会让页面变得繁杂混乱。

2. 在网页中运用同色系的色彩

使用同色系的色彩，会让人觉得页面赏心悦目，给人留下好印象。同色系的色彩易于搭配，不会使得页面显得杂乱，也不会让人视觉疲惫，可以大面积使用。但同色系的色彩搭配也存在弊端，它容易使得网页色彩单调，令人觉得乏味，为了解决这个问题，网页设计师可以采取局部使用对比色图片的方法来增加页面整体变化，制造一种轻松活泼的感觉。

3. 页面中对比色的运用

通过使用对比色，能够营造轻松活泼、运动感强的网页效果，它适宜体现轻松主题的网站，既色彩丰富，又协调悦目。虽然对比色带来了如此的好处，但它同样也存在着缺陷。过于丰富的色彩会造成视觉的疲惫和重点不清晰，譬如，过于丰富的背景色彩会影响前景图片和文字的取色，严重时会使文字融于背景中不易辨识。所以，在设计网页的时候，我们只用一到两种色彩占据主导地位，其他的对比色则作为陪衬或点缀来调节整体效果，大面积的色彩填充宜用低对比度色彩，所以背景色以单一的色彩为佳。

总而言之，色彩的运用方式多种多样，目的是要让网页设计达到实用和审美的统一与和谐。要解决设计中的色彩运用的具体问题，就需要在长期的实践中不断积累经验和学习前人总结的解决方法。

一个好的网页设计会给用户带来记忆深刻、好用易用的体验。网页设计的版式、信息层级、图片、色彩等视觉方面的运用，直接影响到用户对网站的最初感觉，而在这些内容中，色彩的配色方案是至关重要的，网站整体的定位、风格调性都需要通过颜色给用户带来感官上的刺激，从而产生共鸣。

从色彩研究的方向来看，色彩包括色相、明度和纯度三个方面。颜色的运用是研究纯色之间的关系，以及它们混合在一起的效果。我们可以从当前众多的网络应用中的实例，找到色彩运用的一些广泛的色彩关系和配色方案，作为实际工作、学习中配色的指南。

单色：使用一个色调不同的饱和度与亮度，如图 1.8.1 所示。

近似色：使用色盘中的邻近色调，如图 1.8.2 所示。

图 1.8.1

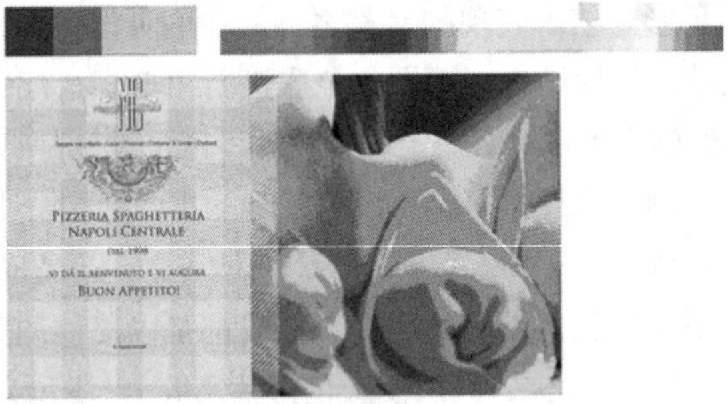

图 1.8.2

互补色：使用色盘中的相反色调，如图 1.8.3 所示。

分割互补色：使用一个色调和两个与它的补色邻近的色调，如图 1.8.4 所示。

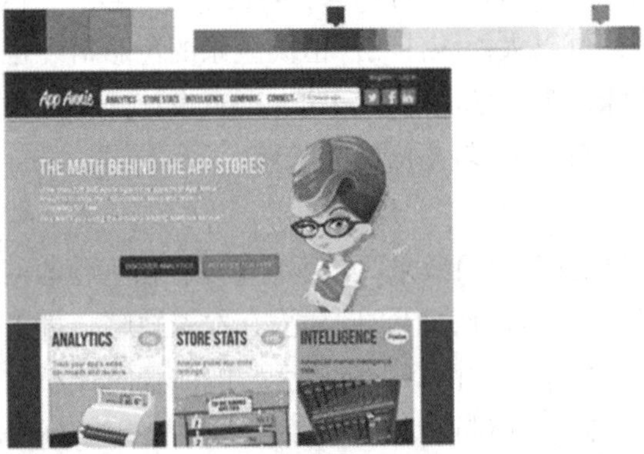

图 1.8.3

图 1.8.4

三分色阶：使用色盘中的等距的三个色调，如图 1.8.5 所示。
双互补色：使用两个色调和它们的补色，如图 1.8.6 所示。

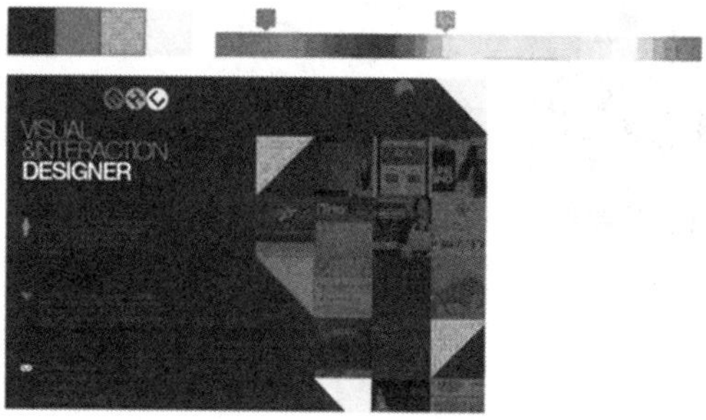

图 1.8.5

图 1.8.6

近似互补色：使用两个互补色调和一个颜色相近色调，如图 1.8.7 所示。
中间色：使用没有色度的颜色，如图 1.8.8 所示。

图 1.8.7

图 1.8.8

突出色：在没有色调的颜色中突出一个高饱和度的色调，如图 1.8.9 所示。
暖色：使用色盘中暖色调的颜色，如图 1.8.10 所示。

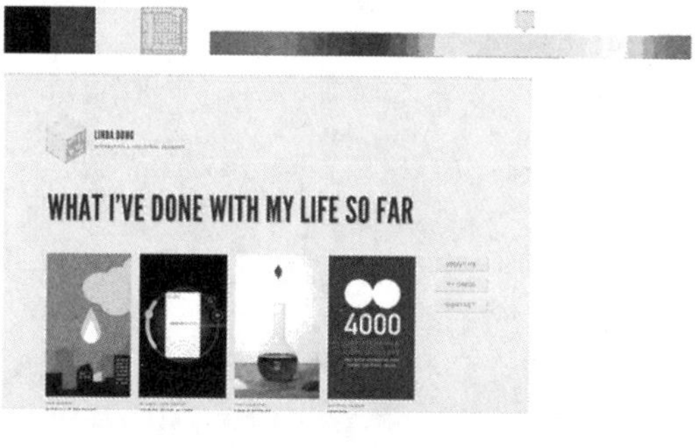

图 1.8.9

图 1.8.10

冷色：使用色盘中冷色调的颜色，如图 1.8.11 所示。

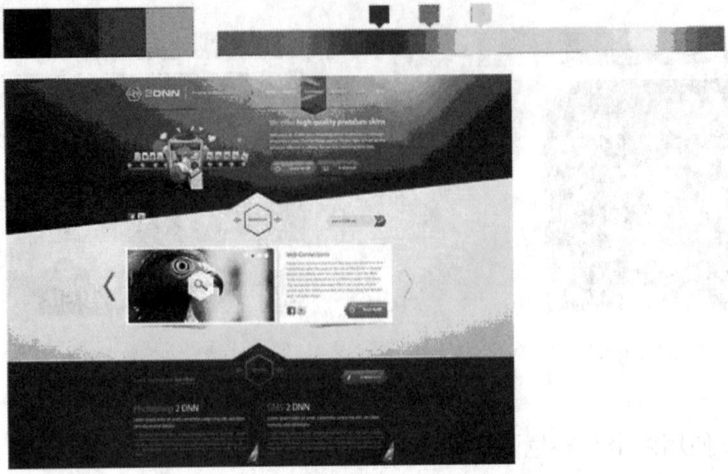

图 1.8.11

2 网页中的版式设计

在网页设计中根据特定的主题和内容，把文字、图形图像、动画、视频、色彩等信息传达要素界定在一个范围内，有机地、秩序地、艺术性地组织在一起，形成美观的页面并不是容易的事。由于多数专业的计算机技术人员缺乏艺术设计的能力，致使许多网页一直都是按固定的格式来完成，只是在文字内容上有所变化，所以很多网页看起来千篇一律，缺乏个性。为了让网页更具艺术魅力，必须加强制作人员的艺术素养，将艺术与技术有机地结合起来，使网络呈现更绚丽的色彩。

网页的版式设计应从造型，点、线、面及留白的处理，构成形式三方面入手。

2.1 版式设计的造型

在版式空间中，标题、内容、主体图形、色调、视觉中心、背景和留白都是造型的最基本元素。将这些基本元素在800像素 ×600像素或1024像素 ×768像素的版面中有机地结合起来就是设计的过程。网页版式设计常常借助多种形式的框架（骨骼），包括规则的框架与不规则的框架，可见的框架与不可见的框架。同时框架还要与文字样式、色调等因素紧密联系起来。

网页版式设计不同于报纸、杂志等版面的设计，它是动态的、变化的版面。多数人的显示器分辨率为800像素 ×600像素或1024像素 ×768像素，我们设计版面时就应以800像素 ×600像素为标准，除去滚动条所占的20像素，安全宽度应控制在780像素以内，这样才能浏览到全部的横向页面内容。垂直方向上，页面是可滚动的，版面的长度一般不作限制，但是一些较正规的网站要求滚动不超过3屏，针对这样动态的版面空间，设计起来就存在较大的难度。为此，网页设计师应采取一些相应的对策：

（1）运用自适应宽度技术。即在版面宽度超出800像素时，页面内容自动伸缩，充满整个版面，这样的技术就要求版面设计也要具有适应性。

（2）运用背景来适应不同分辨率的版面效果。

（3）使版面保持固定尺寸，禁止滚动出现，增强对版面的控制，这样的方案非常适用于设计性较强的图形界面。

通常网页中还会有一些动态的信息，不仅活跃了画面气氛，还可通过不同内容的替换，增大信息量。不过动画效果的运用要合理，千万不能泛滥，否则会造成喧宾夺主的效果，而且动画的形式与内容要与网页主题相适应，政治与教育等内容比较严肃的网页在动画应用上更是要慎重。

2.2 页面中的点、线、面及留白的处理

在版式设计中，文字、图形图像根据其在画面中的大小、方向、排列可以视为点、线、面等构成要素，同时文字又有标题和正文之分，图片也有主次之分，所以在设计网页时都要加以考虑。图片与文字、动画这些信息都需要同时展示给观众，如果不加设计简单地罗列在一个页面上，往往会使人感觉粗制滥造，不愿继续停留。所以必须要根据主题内容的需要，将传递信息的图片和文字按照一定的次序和关系进行合理的编排和布局，使整个页面和谐统一，充满艺术性。

点、线、面、视觉中心、留白等元素所处位置不同，对观众的视觉和心理产生的作用也不同。当设计主体处于版面的几何中心时，给人的感觉是平衡、稳重，不过相对就会显得呆板、缺乏灵活性；如将设计主体向一侧稍作偏移，则打破了原有的稳定与平衡，形成一个动向，画面因此形成不稳定趋势，这时需要在适当的位置添加平衡元素，使画面在变化中求稳定。

2.2.1 点的作用

单一的点在空间中有集中醒目的特点，能给人明确、坚定、充实的感觉。所以可利用点的这一特性强调要重点表现的对象。可利用“点”符号，对文字信息加以强调，也可采用点状图形、图像形式加以提示。可口可乐宣传网页中左下部分的三张小图片，在这个页面中实际上起着“点”的作用，以图片的形式强调后面的信息。

2.2.2 线与面的作用

线与面不仅能作为造型元素，同时还是划分空间的有力工具。由线和面形成的对空间的分割与遮挡，使空间的层次得以延伸，形成距离美感。

2.2.3 留白的运用

在网页设计中，点、线、面等实体造型元素往往是人们重点注意的部分，而实际上“留白”也是不容忽视的。所谓“留白”，就是除文字、图片、图案等信息要素以外的空白空间。“留白”与其他元素一样具有大小、形状等特征，它与其他元素的关系就是“图”与“地”的关系，是相互依存、相互衬托的。“无意”的留白应与“有意”的造型同样引起足够的重视，因为“无意”的留白空间有时给人的视觉冲击会高于其他元素所带来的效果。不过“留白”并不是越多越好，这要根据主题内容和整体风格而定，信息量大、内容更新快的网站一般“留白”较少，而专业的、艺术类的网站“留白”较常见。

2.2.4 点、线、面关系的处理

根据大小、方向等因素，文字与图片在一个页面中既可以是点，也可以是线或面。孤立的、

小的文字与图片，在页面中往往被视为点。按一定方向、秩序排列的字与图片会形成视觉上的线，在界面中一般起到引导和分割的作用。面多数是由文字或图片、图形组成的，有时也会由小字块构成，起到突出主题和衬托的作用。

2.3 版式设计的构成形式

与其他设计一样，网页的版式设计也要遵循一定的规律和秩序，将各个构成要素按一定的规律和秩序系统化地组合，协调好各个要素之间的关系，使整个网页作品体现整体秩序的美感。首先要抓住主线，然后协调好各个层级的关系，应注意各部分之间的逻辑结构，根据主体特征确定版面设计形式结构，做到既风格统一，又富于变化。其构成形式主要有：分割与比例、重复与渐变、对称与均衡、节奏与韵律、统一与变化等。

2.3.1 分割与比例

空间分割是设计中最常用的造型方法之一，它所解决的就是如何把文字、图形、图像巧妙地配置在限定的版面空间的问题，同时还要确保有主有次，相互关联。

设计主体一般会占据较大的、突出的空间，其他的辅助元素则依附于它，围绕主体进行配置。有时分割也会由色彩色调来进行，最引人注目的部分，很容易被视为主体。当图片中大背景是灰蓝色块时，彩色图片部分的绚丽色彩自然成为人们的视觉焦点，画面中的动与静的对比也将人的视线先引入中间地带，此时可通过色调的变化融合这种对比，使画面趋于统一。

2.3.2 重复与渐变

重复是指相同或相似的形态规律性地连续出现。其实重复是构成中最常见的一种形式，我们生活中熟悉的花朵、小昆虫，甚至人类都存在重复的表象。一定秩序的重复能够给人以统一、有节奏、连续、平稳的感觉。重复又分单纯重复和渐变两种。单纯重复就是单一个体的反复出现，形状、大小、方向、颜色都不作改变，这种重复多被用作背景图案或底纹。渐变是在重复的基础上连续而又带有一定变化的反复出现，有时是形状上的变化，有时是方向上的变化，有时是色彩上的变化，这种变化与重复给人感觉整齐而多样。

2.3.3 对称与均衡

对称分为绝对对称和相对对称。绝对对称是指以中心线或中心点为轴，作上下、左右、旋转等同等、同量的对称，这种形式能展现出严正、庄重、肃穆、沉静的特征。我国的传统宫殿建筑就是以对称式造型为主的，如故宫，在对称的造型中有一种威严的宏伟气势。

相对对称是在对称的格局中存在部分形状或色彩等方面的微小变化，这种对称形式具有对称的稳定性，同时又富于变化。相对对称的表现形式较多，如形状置换、方向颠倒、体量变化、位置交叠、动势变化等。

均衡即是平衡，它摆脱了对称式的中心线或中心点的控制，但始终存在重心。版面的均衡并不是实际重量的均衡，而是根据版面构成元素的形量、大小、轻重、色彩、位置等视觉判断产生的平衡。均衡感使设计版面更具和谐的生命力，它同时存在调和与力学的空间配置。

2.3.4 节奏与韵律

节奏与韵律源自于音乐概念。节奏是按照一定的条理和秩序，重复连续地排列，形成的一种律动形式。节奏有等距离的连续，也有渐变、大小、长短、明暗、形状、高低等的排列，在节奏中注入美的因素和情感使之富于个性，就产生了韵律。韵律就像是音乐中的旋律，既有节奏又有情调，它能增强版面的感染力与艺术表现力。

2.3.5 多样与统一

多样与统一是形式美的总法则，是对立统一规律在版面构成上的应用，两者完美结合，是版面构成最根本的要求，也是艺术表现力的形成因素之一。多样变化是一种智慧、想象的表现，强调造型的曲直变化、虚实变化、平面与立体的变化；强调色彩的冷暖变化、明暗变化、色相变化；强调质感与肌理的粗糙与细腻、柔和与刺激等因素中的差异性，造成视觉上的跳跃。

2.3.6 形式的统一

统一是强调物质和形式中种种因素的一致性，保证版面统一的方法是保持版面的构成要素尽可能少，而构成的形式却要丰富。统一的手法可借助均衡、调和、秩序、渐变等形式法则。在同一版面中，尽量避免多样与统一两种因素同时出现，应以其一作为主导，或变化为主，或统一为主，以相对的一方求得统一。

3 BURGER KING 品牌网页美工设计

3.1 BURGER KING 首页制作

最终效果图

STEP1 在 Photoshop CS4 中新建一个“宽度”和“高度”分别为 1366 像素和 768 像素，“分辨率”为 72 像素 / 英寸的黑色背景文档，将文档另存为“首页 . psd”。

STEP2 选择“菜单”栏中的“视图”，选中“标尺”；选择“菜单”—“编辑”—“首选项”—“单位与标尺”，将“标尺”的单位设置为“厘米”，回到 Photoshop CS4 界面，上、左、右各拉出 0.3cm 血位，下拉出 0.1cm 血位。

STEP3 新建一个组，命名为“导航”，新建一个图层，命名为“底色”，选择工具栏中的“矩形选框工具”，设置“固定大小”为 2000px × 165px，参数如图 3.1.1 所示。在 Photoshop CS4 界面创建一个矩形条，填充颜色为“白色”，颜色值为“#ffffff”，置于线的下方。

图 3.1.1

STEP4 新建一个图层，命名为“首页”，设置“固定大小”为 213px × 85px，参数如图 3.1.2 所示。在 Photoshop CS4 界面创建一个矩形条，填充颜色为“蓝色”，颜色值为“#063d97”，复制粘贴出五个矩形，将图层分别命名为“产品介绍”“历史回顾”“品牌故事”“加盟咨询”“加入团队”，每个图层间隔 0.15cm。

图 3.1.2

STEP5 在每个矩形框里输入导航的文字内容，文字如图 3.1.3 所示。

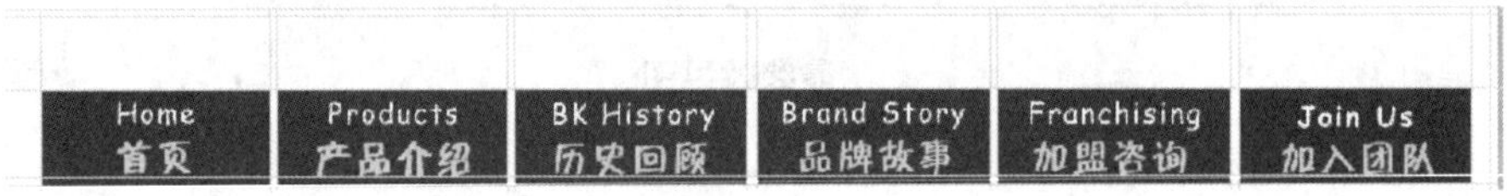

图 3.1.3

STEP6 新建一个图层，命名为“搜索框”，选择工具栏中的“矩形选框工具”，设置“固定大小”为 310px × 37px，参数如图 3.1.4 所示。在 Photoshop CS4 界面创建一个矩形条，填充颜色为“黑色”，颜色值为“#000000”。新建一个图层，命名为“搜索框 2”，选择工具栏中的“矩形选框工具，设置“固定大小”为 305px × 33px，参数如图 3.1.5 所示。在 Photoshop CS4 界面创建一个矩形条，填充颜色为“灰色”，颜色值为“#dcdcdc”，如图 3.1.6 所示，最终效果如图 3.1.7 所示。

图 3.1.4

图 3.1.5

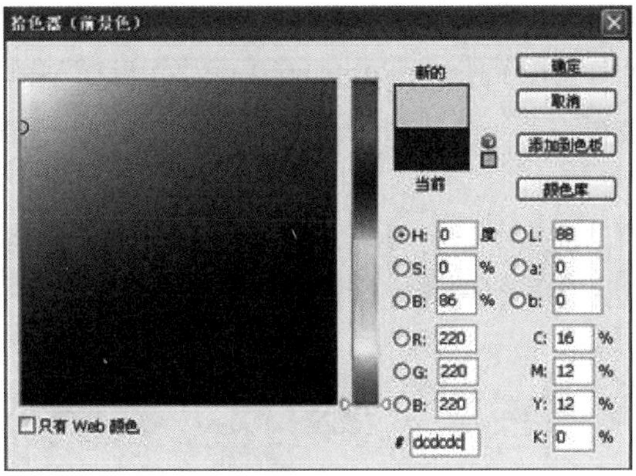

图 3.1.6

图 3.1.7

STEP7 新建一个组，命名为“logo”，新建一个图层，命名为“圆”，选择工具栏中的“椭圆选框工具”，设置“固定大小”为 205px × 190px，参数如图 3.1.8 所示。

图 3.1.8

STEP8 在 Photoshop CS4 界面创建一个椭圆，填充颜色为“灰色”，颜色值为“#fbf7f4”，如图 3.1.9 所示。将素材库中的“logo”素材导入 Photoshop CS4 界面，调整好位置，最终效果如图 3.1.10 所示。

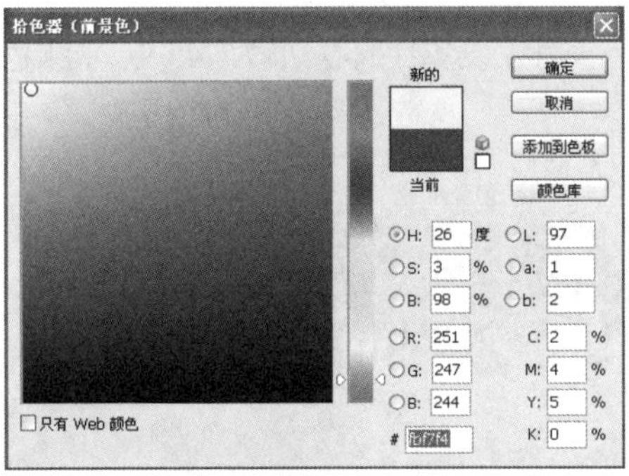

图 3.1.9

图 3.1.10

STEP9 新建一个组，命名为“中间层”，新建一个图层，命名为“底色”，设置“固定大小”为 2000px × 475px，参数如图 3.1.11 所示。在 Photoshop CS4 界面创建一个矩形条，选择工具栏中的“渐变工具”，将颜色设置为深黄到浅黄的渐变色，颜色值分别为“#f48100”“#ffa500”，如图 3.1.12 所示。

STEP10 将素材库中的“皇堡”素材导入 Photoshop CS4 界面，将“皇堡”素材图层放在底色层之上，选择“创建剪切蒙版”，调整好位置，如图 3.1.13 所示。

图 3.1.11

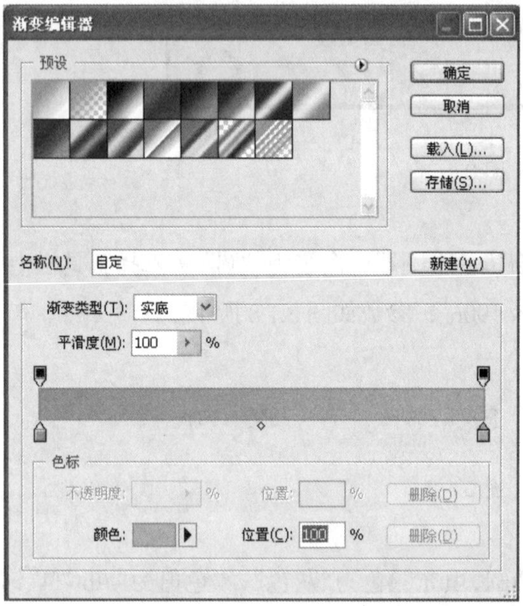

图 3.1.12

图 3.1.13

STEP11 选择工具栏中的“横排文字工具”，输入文字，设置字体大小为“45 点”，颜色为“红色”，颜色值为“#ee0e28”，效果如图 3.1.14 所示。

图 3.1.14

STEP12 新建一个图层，选择工具栏中的“矩形选框工具”，设置“固定大小”为610px×6.5px，参数如图3.1.15所示。在Photoshop CS4界面创建一个矩形条，填充颜色为“白色”，颜色值为“#ffffff”，选择工具栏中的“矩形选框工具”，拉出一个小框，如图3.1.16所示。选择“Delete”键，去掉中间的白色，选择工具栏中的“自定义形状工具”，追加全部形状，选中“X”形状，在Photoshop CS4界面创建X形状，位置大小如图3.1.17所示。

样式:
固定大小
宽度: 610 px
高度: 6.5 px

图3.1.15

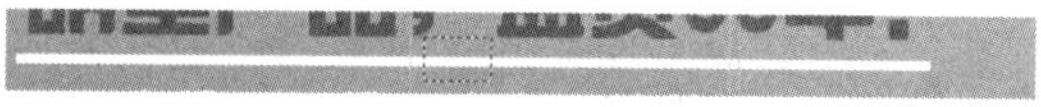

图3.1.16

明星产品，盛赞50年！

图3.1.17

STEP13 选择工具栏中的“横排文字工具”，输入文字，设置字体大小为“26点”，文字如图3.1.18所示。新建一个图层，选择工具栏中的“矩形选框工具”，设置“固定大小”为700px×7px，在Photoshop CS4界面创建一个矩形条，填充颜色为“白色”，颜色值为“#ffffff”，如图3.1.19所示。输入文字，文字如图3.1.20所示。

风靡全球50多年，自诞生以来就备受推崇！

图3.1.18

皇堡，汉堡王当之无愧的明星！
风靡全球50多年，自诞生以来就备受推崇！

图3.1.19

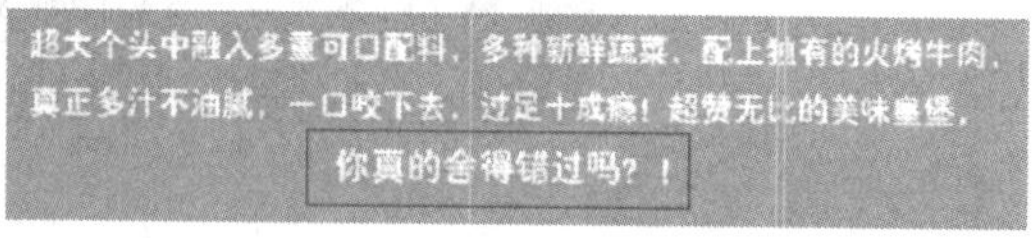
超大个头中融入多重可口配料，多种新鲜蔬菜，配上独有的火烤牛肉，
真正多汁不油腻，一口咬下去，过足十成瘾！超赞无比的美味皇堡，
你真的舍得错过吗？！

图3.1.20

STEP14 在所有文字的底层新建一个图层，选择工具栏中的“矩形选框工具”，设置“固定大小”为810px×410px，如图3.1.21所示。在Photoshop CS4界面创建一个矩形条，填充颜色为“白色”，颜色值为“#ffffff”，设置不透明度为18%，最终效果如图3.1.22所示。

图 3.1.21

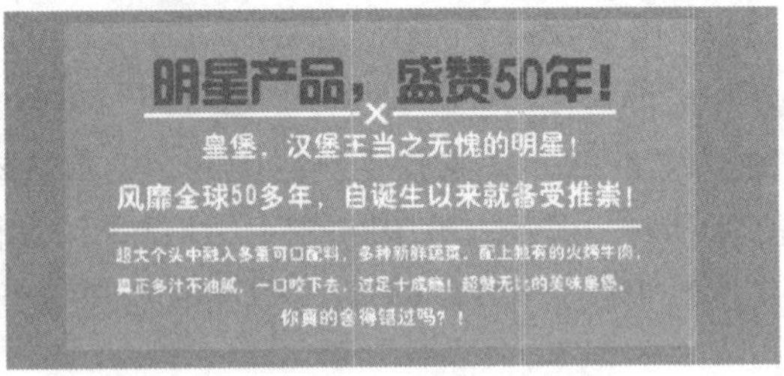

图 3.1.22

STEP15 新建一个组，命名为“底层”，新建一个图层，命名为“底层”，选择工具栏中的“矩形选框工具”，设置“固定大小”为 2000px × 370px，参数如图 3.1.23 所示。在 Photoshop CS4 界面创建一个矩形条，填充颜色为“灰色”，颜色值为“#e9e8e4”，如图 3.1.24 所示。

图 3.1.23

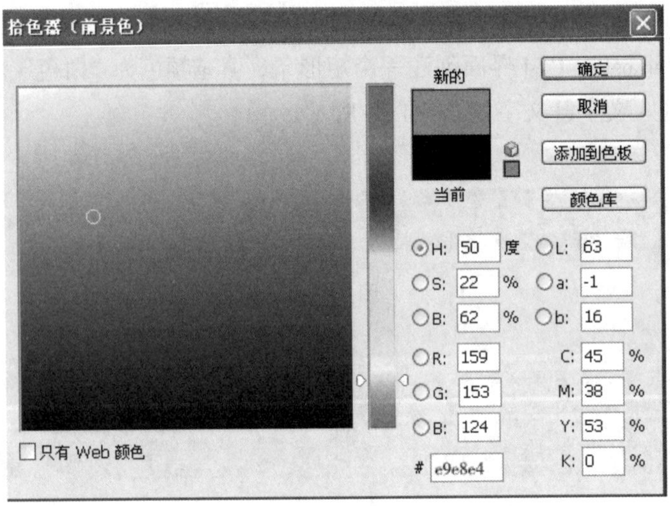

图 3.1.24

STEP16 将素材库中的“火烤”素材导入 Photoshop CS4 界面，选择“火烤”素材图层，选择“添加图层蒙版”，选择 17 号“画笔”，主直径更改为“200px”，将“火烤”素材的边缘擦掉，效果如图 3.1.25 所示。

图 3.1.25

STEP17 选择工具栏中的“横排文字工具”T，输入“真正火烤牛肉”，创建文字变形，参数如图 3.1.26 所示。选择工具栏中的“钢笔工具”[钢笔工具图标]，勾出一条弧形，填充颜色为“深红色”，颜色值为“#190000”，最后完成效果如图 3.1.27 所示。

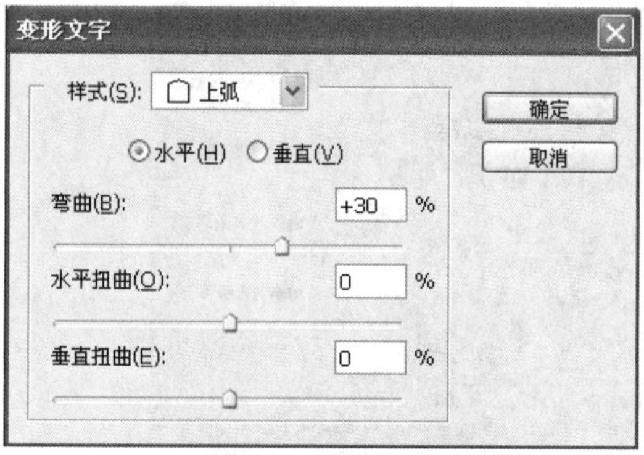
变形文字
样式(S): 上弧
确定
取消
水平(H)
垂直(V)
弯曲(B): +30 %
水平扭曲(O): 0 %
垂直扭曲(E): 0 %

图 3.1.26

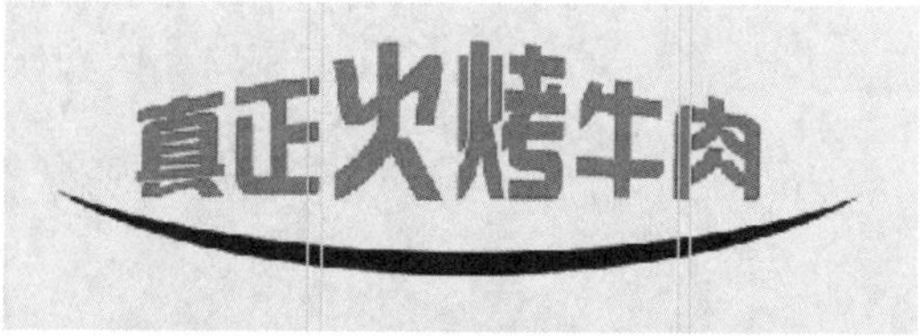
真正火烤牛肉

图 3.1.27

STEP18 输入素材库中的文字，调整字体和字体大小，最后效果如图 3.1.28 所示。

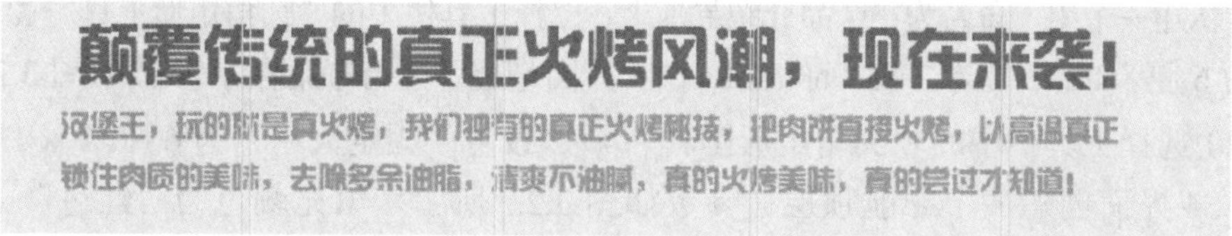
颠覆传统的真正火烤风潮，现在来袭！
汉堡王，玩的就是真火烤，我们独有的真正火烤秘技，把肉饼直接火烤，以高温真正
锁住肉质的美味，去除多余油脂，清爽不油腻，真的火烤美味，真的尝过才知道！

图 3.1.28

STEP19 创建名为“底层导航”的新组，新建一个图层，设置“固定大小”为 2000px × 55px，参数如图 3.1.29 所示。在 Photoshop CS4 界面创建一个矩形条，颜色值为“#f2f1ec”，选择工具栏中的“横排文字工具”T，输入文字，如图 3.1.30 所示。

图 3.1.29

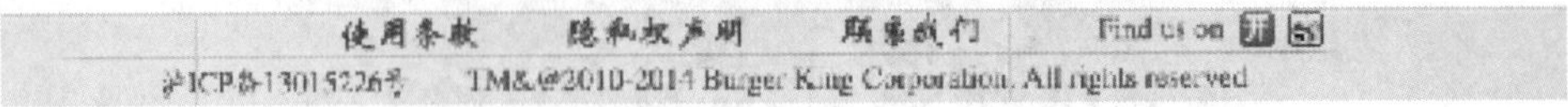

图 3.1.30

STEP20 按“Ctrl+S”组合键保存，最终效果完成。

3.2 “产品介绍”二级页面制作

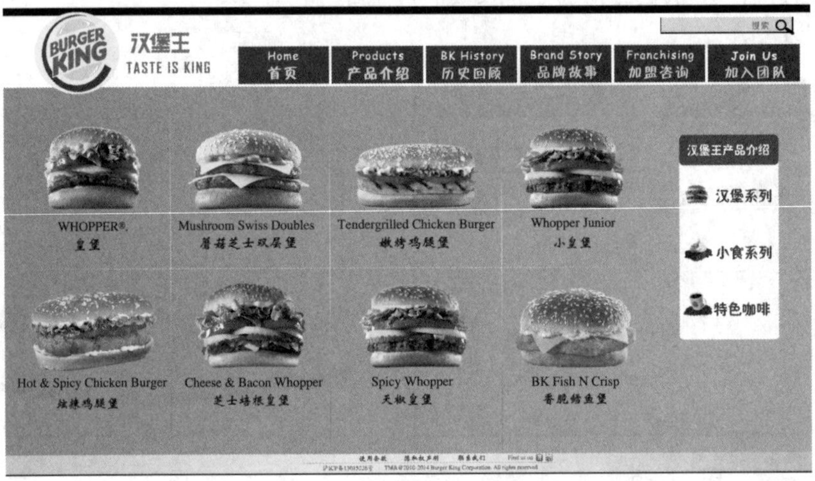

最终效果图

STEP1~STEP8 操作步骤参照 3.1 章节的 STEP1~STEP8。

STEP9 新建一个组，命名为“产品介绍导航”，选择工具栏中的“圆角矩形工具”，设置“固定大小”为 6 厘米 ×12 厘米，在 Photoshop CS4 界面创建一个导航底层，参数如图 3.2.1 所示。

STEP10 选择工具栏中的“圆角矩形工具”，设置“固定大小”为 6 厘米 ×1.8 厘米，在 Photoshop CS4 界面创建一个导航顶层，参数如图 3.2.2 所示。填充颜色为“红色”，颜色值为“#b21206”，效果如图 3.2.3 所示。

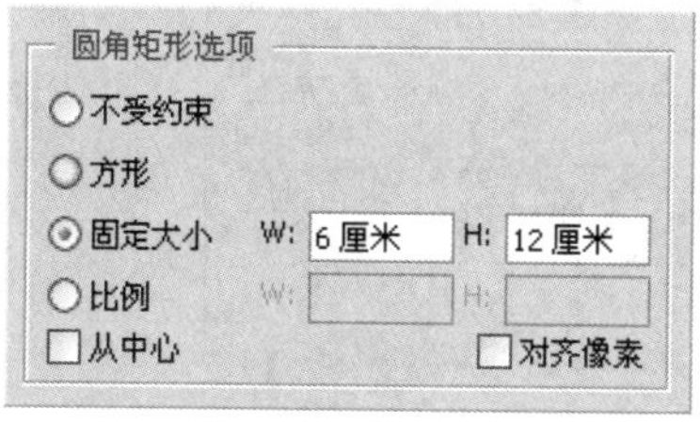

图 3.2.1

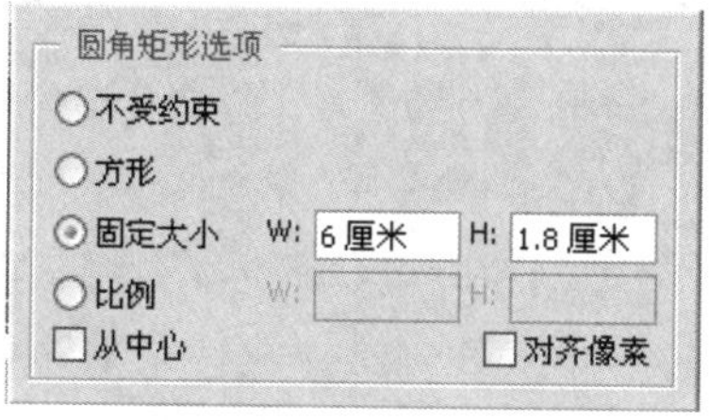

图 3.2.2

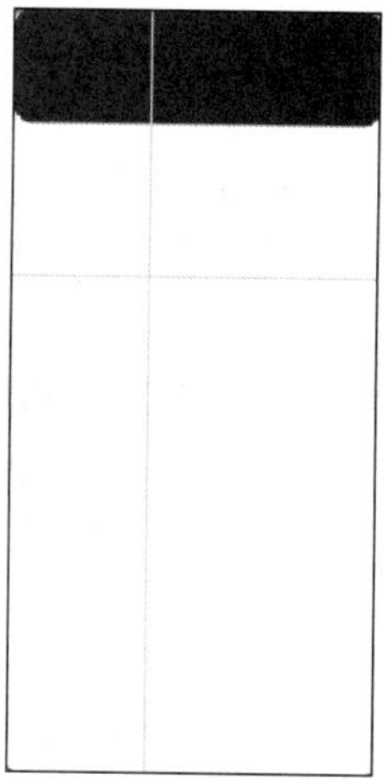

图 3.2.3

STEP11 按顺序把文字打上，文字和效果如图 3.2.4 所示。在“汉堡系列”图层下方新建一个图层，选择工具栏中的“矩形选框工具”，设置“固定大小”为 225px × 56px，颜色值为“#a8a8a8”，效果如图 3.2.5 所示。

图 3.2.4

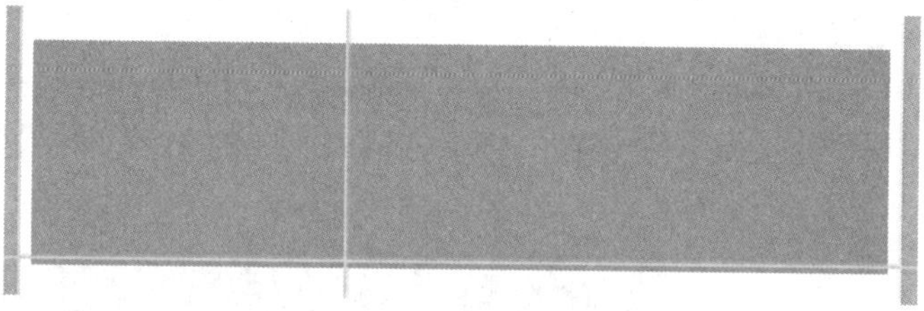

图 3.2.5

STEP12 新建一个图层，命名为“分割线”，选择工具栏中的“矩形选框工具”，在 Photoshop CS4 界面创建一个白色长方条，如图 3.2.6 所示。

图 3.2.6

STEP13 选择工具栏中的“钢笔工具”，在两边勾出尖尖的一角，选择“分割线”图层，添加“混合选项”，选择“渐变叠加”，将颜色设置为灰色到浅灰，如图 3.2.7 所示。颜色值分别为“#ababab”“#e4e4e4”，渐变叠加参数如图 3.2.8 所示。在 Photoshop CS4 界面分别复制粘贴出三个“长条”，竖列摆放，最终效果如图 3.2.9 所示。

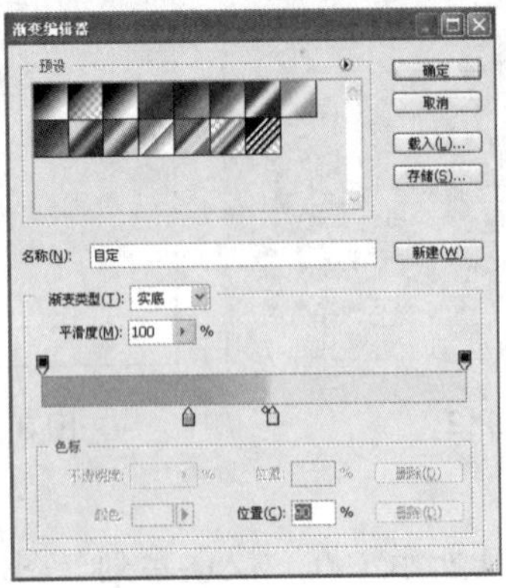

图 3.2.7

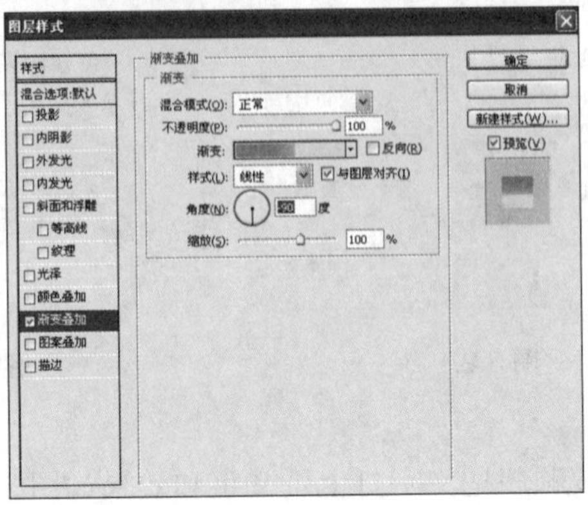

图 3.2.8

图 3.2.9

STEP14 将素材库中的八个“汉堡”素材导入 Photoshop CS4 界面，按顺序摆好，选择工具栏中的“横排文字工具”，在汉堡下方输入相应的文字，效果如图 3.2.10 所示。

图 3.2.10

STEP15 按“Ctrl+S”组合键保存，最终效果完成。

3.3 “历史回顾”二级页面制作

最终效果图

STEP1~STEP8 操作步骤参照 3.1 章节的 STEP1~STEP8。

STEP9 新建一个图层，重命名为“底层”，选择工具栏中的“矩形工具”，设置“固定大小”，参数如图 3.3.1 所示。选择工具栏中的“填充工具”，填充颜色为“桃红色”，颜色值为“#be1c43”。

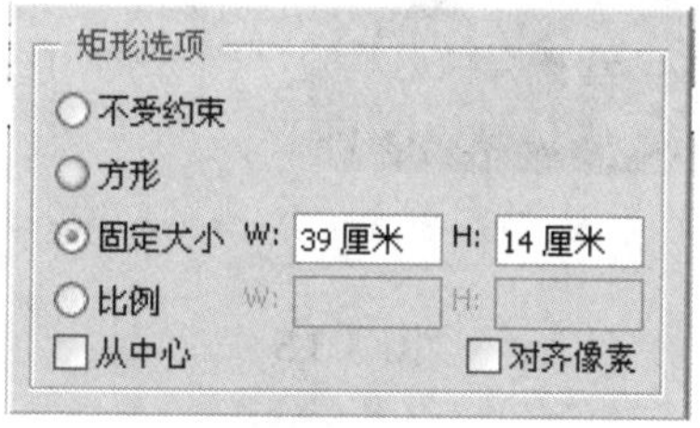

图 3.3.1

STEP10 将素材库中的“创始人”素材导入 Photoshop CS4 界面，选择“创建剪切蒙版”，如图 3.3.2 所示。选择工具栏中的“横排文字工具”，输入文字，最终效果如图 3.3.3 所示。

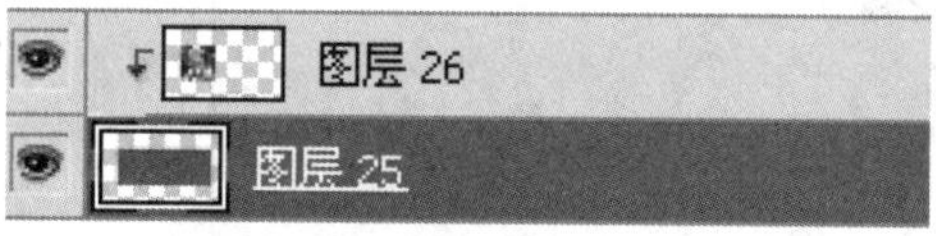

图 3.3.2

图 3.3.3

STEP11 选择“矩形工具”，设置“固定大小”为 4 厘米 ×1.3 厘米，颜色为“黑色”，选择工具栏中的“横排文字工具”T，输入文字，效果如图 3.3.4 所示。

图 3.3.4

STEP12 新建一个组，命名为“年份”，新建一个图层，选择工具栏中的“矩形工具”，设置“固定大小”为 47.5 厘米 ×2.4 厘米，填充颜色，颜色值为“#9f997c”，如图 3.3.5 所示。

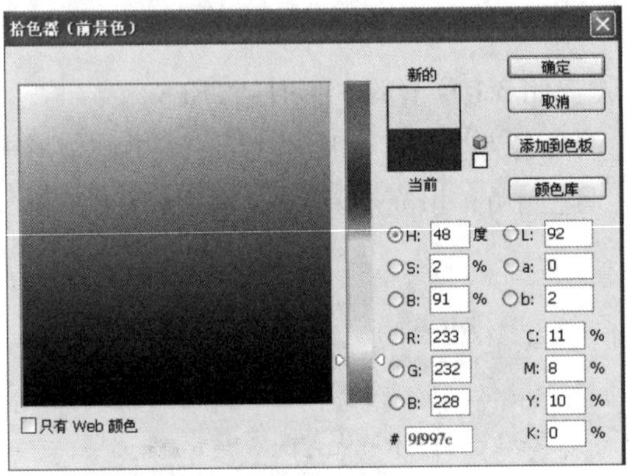

图 3.3.5

STEP13 选择混合选项，添加“斜面和浮雕”，参数如图 3.3.6 所示。添加“纹理”，参数如图 3.3.7 所示。选择工具栏中的“横排文字工具”T，输入文字，效果如图 3.3.8 所示。

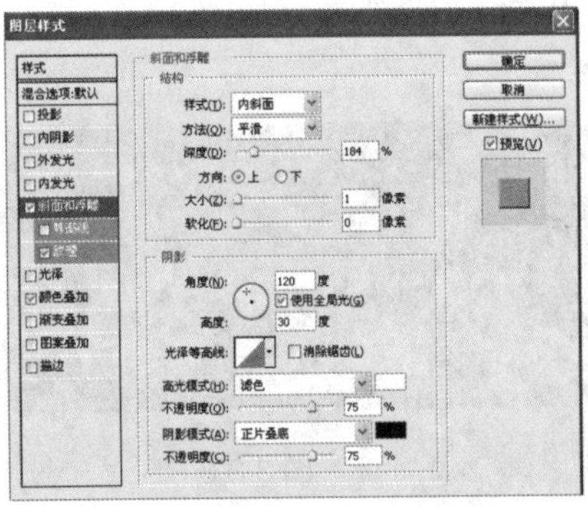

图 3.3.6

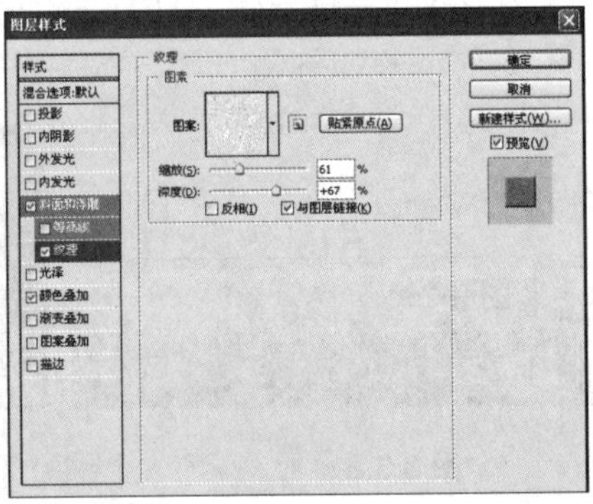

图 3.3.7

图 3.3.8

STEP14 按“Ctrl+S”组合键保存，最终效果完成。

3.4　“品牌故事”二级页面制作

最终效果图

STEP1~STEP8 操作步骤参照 3.1 章节的 STEP1~STEP8。

STEP9 将素材库中的“BK_HP_Carousel_Desktop_080514_2-A1”素材导入 Photoshop CS4 界面，调整好位置大小，选择工具栏中的“横排文字工具” T，输入文字，最终效果如图 3.4.1 所示。

图 3.4.1

STEP10 按“Ctrl+S”组合键保存，最终效果完成。

3.5 “加盟咨询”二级页面制作

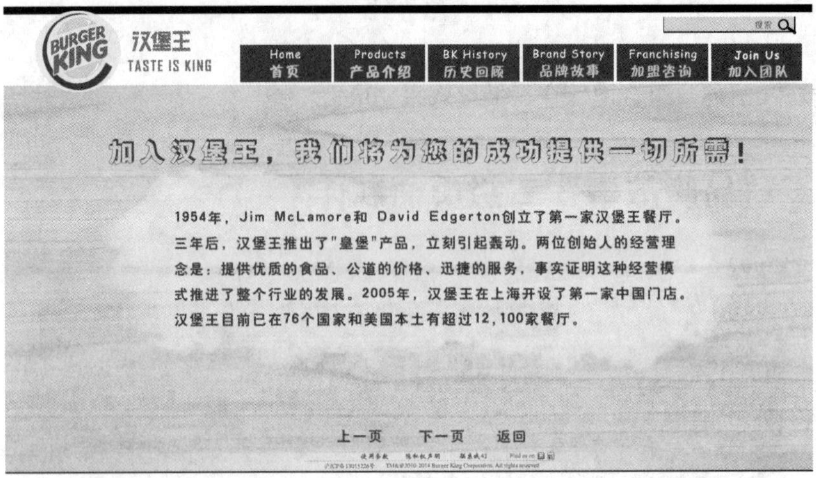

BURGER KING
汉堡王
TASTE IS KING
Home 首页
Products 产品介绍
BK History 历史回顾
Brand Story 品牌故事
Franchising 加盟咨询
Join Us 加入团队
加入汉堡王，我们将为您的成功提供一切所需！
1954年，Jim McLamore和 David Edgerton创立了第一家汉堡王餐厅。三年后，汉堡王推出了"皇堡"产品，立刻引起轰动。两位创始人的经营理念是：提供优质的食品、公道的价格、迅捷的服务，事实证明这种经营模式推进了整个行业的发展。2005年，汉堡王在上海开设了第一家中国门店。汉堡王目前已在76个国家和美国本土有超过12,100家餐厅。
上一页
下一页
返回

最终效果图

STEP1~STEP8 操作步骤参照 3.1 章节的 STEP1~STEP8。

STEP9 将素材库中的“a76a5225e780787a3c7855201519e3db”素材导入 Photoshop CS4 界面，调整好位置大小，如图 3.5.1 所示。

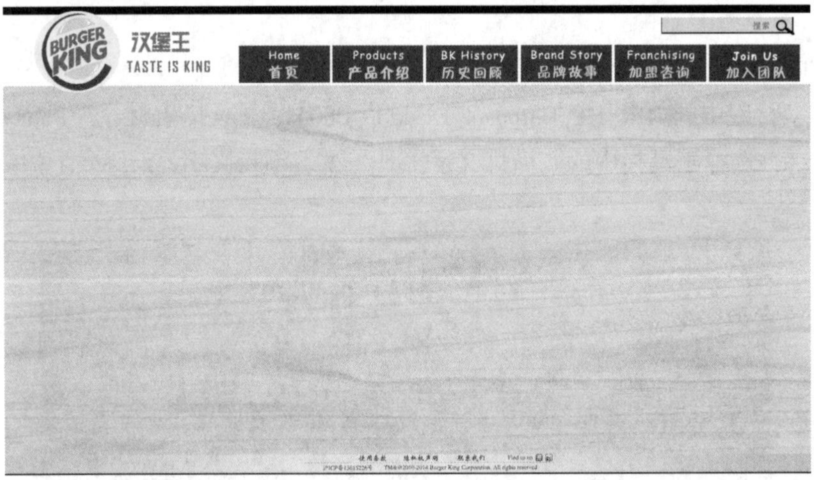

BURGER KING
汉堡王
TASTE IS KING
Home 首页
Products 产品介绍
BK History 历史回顾
Brand Story 品牌故事
Franchising 加盟咨询
Join Us 加入团队

图 3.5.1

STEP10 新建一个图层，命名为“底层”，设置前景色为“白色”，选择工具栏中的“画笔工具”，笔刷为 63，如图 3.5.2 所示。涂画出白色底，效果如图 3.5.3 所示。选择工具栏中的“横排文字工具”T，输入文字，效果如图 3.5.4 所示。

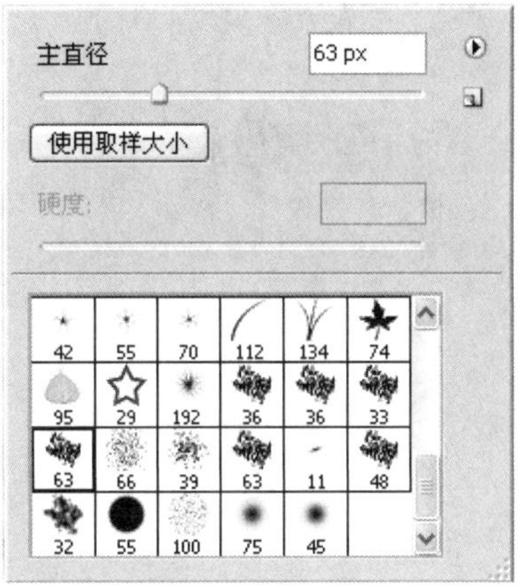

图 3.5.2

图 3.5.3

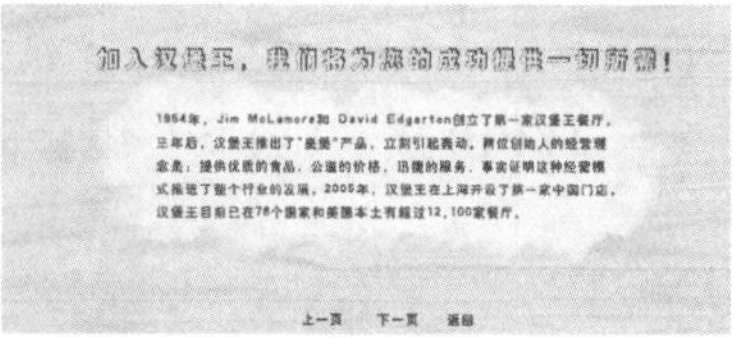

图 3.5.4

STEP11 按“Ctrl+S”组合键保存，最终效果完成。

3.6 “加入团队”二级页面制作

最终效果图

STEP1~STEP8 操作步骤参照 3.1 章节的 STEP1~STEP8。

STEP9 将素材库中的“招牌信息”素材导入 Photoshop CS4 界面，调整好位置大小，选择工具栏中的“自定义形状工具”，选择“箭头 9”，如图 3.6.1 所示。设置颜色为“黑色”，颜色值为“#000000”，在 Photoshop CS4 界面创建一个箭头，效果如图 3.6.2 所示。

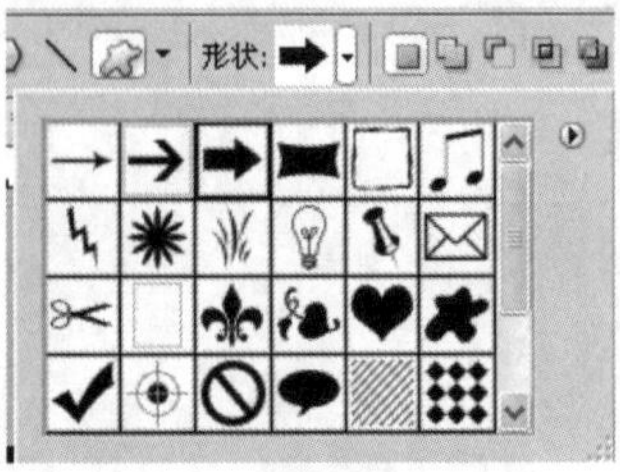

图 3.6.1

图 3.6.2

STEP10 按“Ctrl+S”组合键保存，最终效果完成。

4　马卡龙品牌网页美工设计

4.1　马卡龙首页制作

最终效果图

STEP1 打开 Photoshop CS4，在 Photoshop CS4 中新建一个“宽度”和“高度”分别为 1024 像素和 760 像素，“分辨率”为 300 像素 / 英寸的白色背景文档。按“Ctrl+S”组合键将文档保存为“马卡龙首页 .psd”。

STEP2 新建两个图层，分别命名为“玫瑰色矩形”和“咖啡色矩形”，并分别在两个图层上各绘制一个矩形。在“玫瑰色矩形”图层，选择“矩形选框工具”，设置样式为“固定大小”，“宽度”为 1024px，“高度”为 218px，如图 4.1.1 所示。设置好后，在窗口点击鼠标即可出现一个矩形条，填充颜色为“玫瑰色”，颜色值为“#ca93a2”。在“咖啡色矩形”图层里，按照以上方式，选择“矩形选框工具”，设置样式为“固定大小”，“宽度”为 1024px，“高度”为 93px。设置好后，在窗口点击鼠标即可出现一个矩形条，填充颜色为“咖啡色”，颜色值为“#6c4830”，效果如图 4.1.2 所示。

STEP3 新建一个图层，命名为“玫瑰色圆形”。选择“椭圆选框工具”，按“Shift+Alt”组合键画一个随意大小的正圆，填充颜色为“玫瑰色”，颜色值为“#ca93a2”，效果如图 4.1.3 所示。

图 4.1.1

图 4.1.2

图 4.1.3

STEP4 新建一个图层，命名为“白点”。在这个图层选择“画笔工具”（选择尖角画笔），填充颜色为“白色”，颜色值为“#ffffff”，在圆形上斜着画两点（在画的过程中，如果出现错误，可按“Ctrl+Alt”组合键，返回上一步），效果如图 4.1.4 所示。

图 4.1.4

STEP5 选择“玫瑰色圆形”图层，按“Ctrl+R”组合键出现“标尺工具”，拉一条标尺线（可让图案摆放整齐），在“玫瑰色圆形”图层按“Alt”快捷键，用鼠标拉动圆形图案，便可复制一个圆形，摆放整齐，以此类推。摆放之后，把所有的“玫瑰色圆形”图层选中，然后点击鼠标右键，选择“合并图层”。

STEP6 选择“白点”图层，把白点放在相应位置，然后按以上方式复制，排列好之后合并所有“白点”图层，效果如图 4.1.5 所示。复制“玫瑰色圆形”图层，右键重命名为“咖啡色圆形”，按“Ctrl”键点击鼠标选中“玫瑰色圆形”图层，填充颜色为“咖啡色”，颜色值为“#6c4830”。复制“白点”图层，重命名为“白点 2”放在相应位置，效果如图 4.1.6 所示。

图 4.1.5

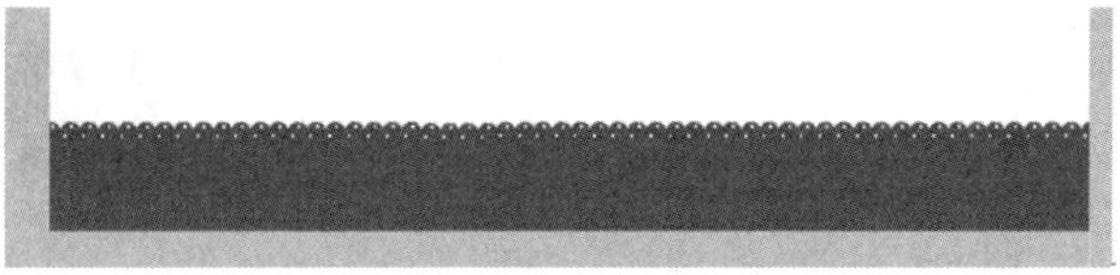

图 4.1.6

STEP7 把图层“玫瑰色矩形”“玫瑰色圆形”“白点”合并，命名为“玫瑰色矩形花边”。把图层“咖啡色矩形”“咖啡色圆形”“白点 2”合并，命名为“咖啡色矩形花边”。

STEP8 新建一个图层，命名为“横线”。选择“矩形选框工具”，设置“固定大小”的“宽度”为 255px，“高度”为 3px。点击窗口即可出现矩形框，填充颜色为“浅黄色”，颜色值为“#f8e8ce”，如图 4.1.7 所示。

图 4.1.7

STEP9 选择“横排文字工具” T，点击窗口，输入“Macaron”，字体为“Snap ITC”，字体大小为“9 点”，填充颜色为“浅黄色”，颜色值为“#f8e8ce”，如图 4.1.8 所示。

图 4.1.8

STEP10 选择“横排文字工具”T，点击窗口，输入“少女の酥胸”。设置字体为“经典繁圆艺 Regular”，字体大小为“9 点”，填充颜色为“浅黄色”，颜色值为“#f8e8ce”。

STEP11 把“Macaron”“少女の酥胸”“横线”图层放在相应位置，将三个图层合并，命名为“标志”，效果如图 4.1.9 所示。

STEP12 选择“横排文字工具”T，点击窗口，分别输入“在线咨询：402-520-2200”和“地址：广州荔湾区宝华路 85 号”。设置字体为“华康方圆体 W7”，字体大小为“3.5 点”，放在相应位置（在线咨询号码、地址皆为虚设），效果如图 4.1.10 所示。

图 4.1.9

图 4.1.10

STEP13 按“Ctrl+T”组合键出现标尺，从上方拉出两条线分别到 1.2cm 处和 1.6~1.7cm 中间处。从左方拉出两条线，分别到 2.7cm 处和 7.2~7.5cm 中间处。点击“矩形工具”，选择里面的“圆角矩形工具”，在调好的标尺线中画出矩形。右键点击图层选择“转化为智能对象”，再右键点击图层选择“栅格化图层”，把图层重命名为“导航条”，填充颜色为“浅黄色”，颜色值为“#f8e8ce”，效果如图 4.1.11 所示。双击图层进入“图层样式”，选择“内发光”，填充颜色为“玫瑰色”，颜色值为“#b36077”，参数如图 4.1.12 所示。选择“斜面和浮雕”，填充颜色为“咖啡色”，颜色值为“#73492c”，参数如图 4.1.13 所示。选择“光泽”，填充颜色为“咖啡色”，颜色值为“#6c4830”，参数如图 4.1.14 所示。

图 4.1.11

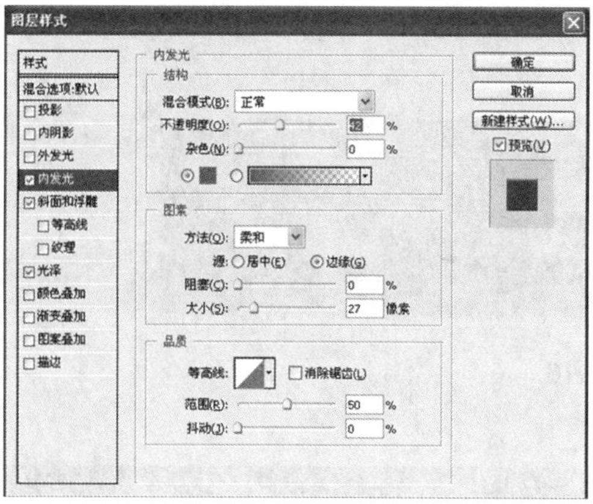

图 4.1.12

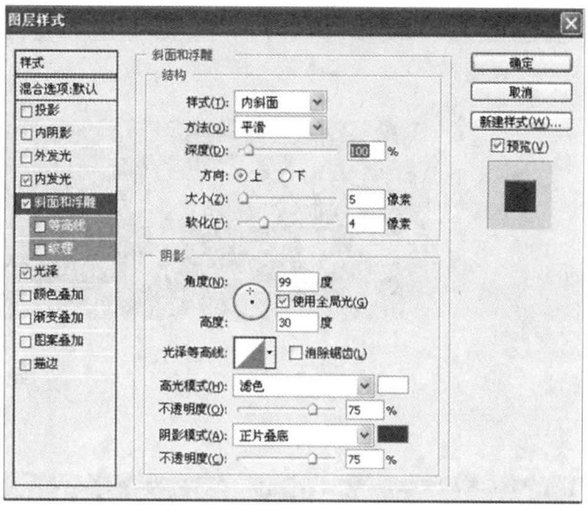

图 4.1.13

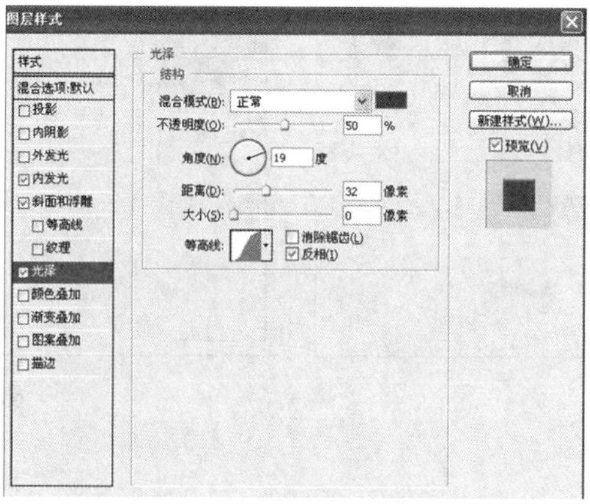

图 4.1.14

STEP14 在“导航条”图层上用“横排文字工具” 分别输入“首页”“关于我们”“产品系列”“加入我们”。字体为“华康方圆体 W7”，字体大小为“5 点”，效果如图 4.1.15 所示。

图 4.1.15

STEP15 新建一个图层，命名为“分隔线”，设置颜色为“浅咖啡色”，颜色值为“#956e54”，选择“画笔工具” （尖角），在相应位置画出分隔线，效果如图 4.1.16 所示。双击图层进入“图层样式”，选择“斜面和浮雕”，填充颜色为“咖啡色”，颜色值为“#51290b”，参数如图 4.1.17 所示。选择“等高线”，参数如图 4.1.18 所示。选择“渐变叠加”，设置渐变颜色“咖啡色”颜色值为“#3a210f”，“浅咖啡色”颜色值为“#dcd5d1”，参数如图 4.1.19 所示。

图 4.1.16

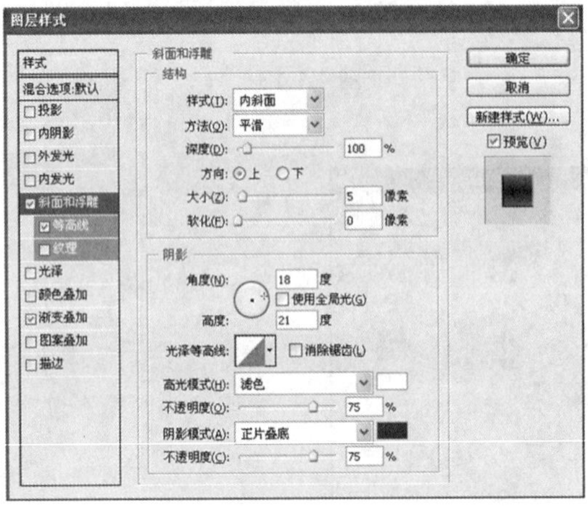

图 4.1.17

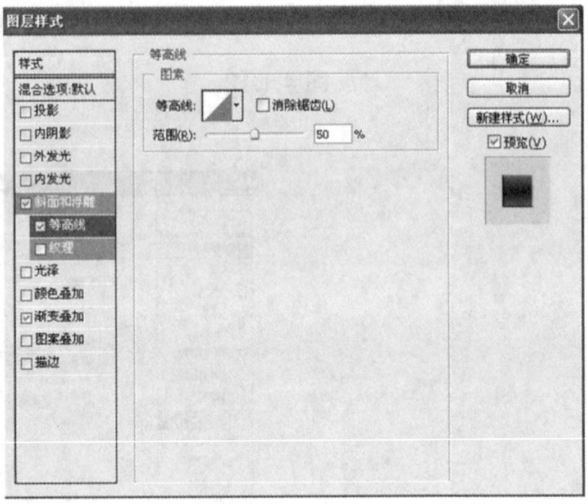

图 4.1.18

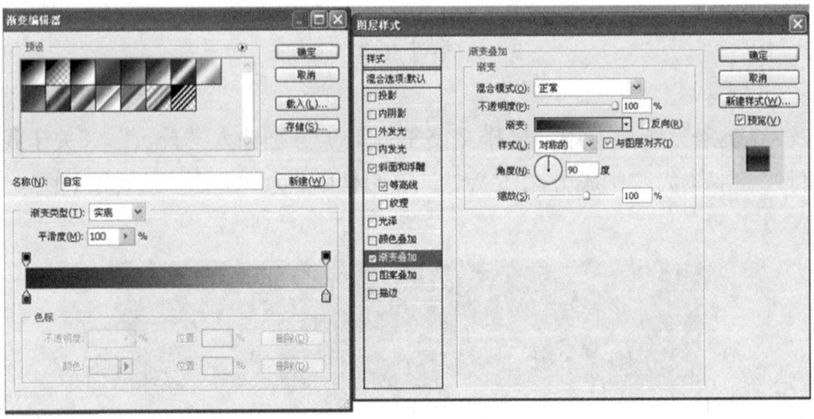

图 4.1.19

STEP16 将输入文字后的“导航条”图层与“分隔线”图层合并，命名为“导航”，效果如图 4.1.20 所示。

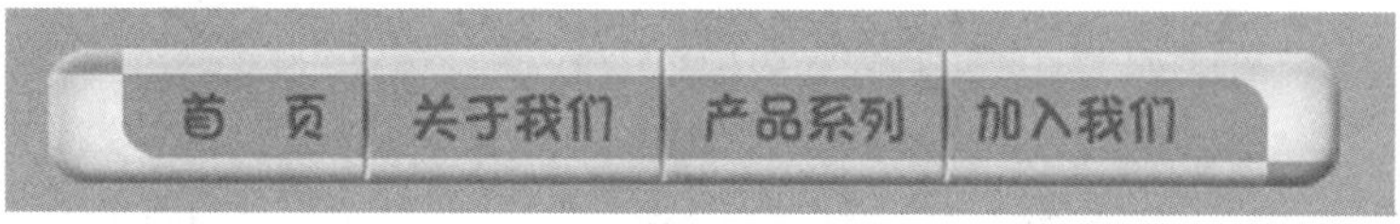

图 4.1.20

STEP17 选择“横排文字工具”T，分为四次，依次输入“小小甜点”“欣喜无限”“舌尖美味”“百年沉淀”。设置字体为“华康方圆体 W7”，字体大小为“6 点”，其中“甜点”“美味”“百年沉淀”字体大小为“7 点”，放在相应位置，效果如图 4.1.21 所示。

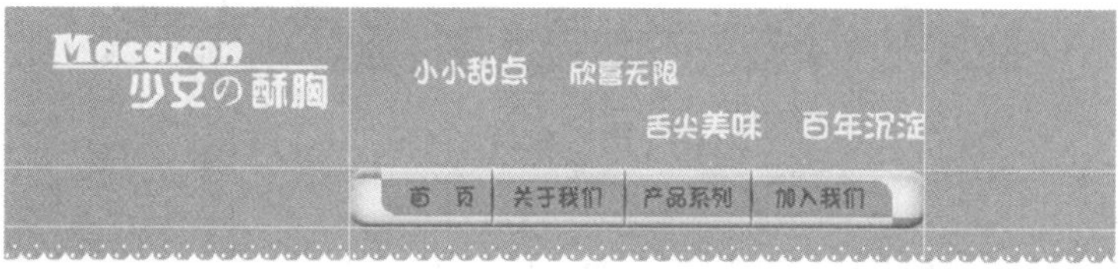

图 4.1.21

STEP18 打开马卡龙资料库，选择“首页图片”，将图片复制到“马卡龙首页”，图层命名为“首页图片”，放在所有图层下方，将图片缩小到相应大小，效果如图 4.1.22 所示。

STEP19 新建一个图层，命名为“透明矩形”，放置在“咖啡色矩形花边”图层下方。选择“矩形选框工具”，设置样式为“固定大小”，“宽度”为 1200px，“高度”为 110px。设置好后，在窗口点击鼠标，即可出现一个矩形条，填充颜色为“灰色”，颜色值为“#c0c0c0”，设置不透明度为 36%，放在相应位置，效果如图 4.1.23 所示。

图 4.1.22

图 4.1.23

STEP20 打开马卡龙资料库，选择“app 素材”图片，用“魔棒工具”点击灰色部分，鼠标右键点击“反选”，复制图片。将图片粘贴到“马卡龙首页”，图层命名为“app 素材”，放在“透明矩形”图层上，按“Ctrl+H”组合键，显示额外内容，效果如图 4.1.24 所示。

图 4.1.24

STEP21 马卡龙首页制作完成，按“Ctrl+S”组合键保存。

▌4.2 “关于我们”二级页面制作

最终效果图

STEP1 打开 Photoshop CS4，在 Photoshop CS4 中新建一个“宽度”和“高度”分别为 1024 像素和 760 像素，“分辨率”为 300 像素 / 英寸的白色背景文档。按“Ctrl+S”组合键将文档保存为“马卡龙关于我们 .psd”。

STEP2~STEP16 操作步骤参照 4.1 章节的 STEP2~STEP16。

STEP17 从马卡龙资料库中导入“马卡龙关于我们 1”图片。选用“魔棒工具”，设置容差为“40”，点击背景图片“马卡龙”，效果如图 4.2.1 所示。鼠标右键点击“反选”，效果

如图 4.2.2 所示。按“Ctrl+C”组合键进行复制，在“关于我们”二级页面按“ Ctrl+V”组合键进行粘贴。粘贴两次，则出现两张，设置不透明度为 45%，放在相应位置，效果如图 4.2.3 所示。

图 4.2.1

图 4.2.2

图 4.2.3

STEP18 选用“横排文字工具” T，输入“很久很久以前……有个故事叫马卡龙”，字体为“华康方圆体 W7”，字体大小为“6 点”，设置“马卡龙”字体大小为“7 点”，颜色为“淡黄色”，颜色值为“#f8e8ce”，效果如图 4.2.4 所示。

STEP19 从马卡龙资料库中导入“马卡龙关于我们 2”图片，调整大小，效果如图 4.2.5 所示。

图 4.2.4

图 4.2.5

STEP20 新建一个图层，选用“画笔工具”，笔刷为 23，颜色为“浅黄色”，颜色值为“#fadcad”，在窗口绘制之后可用“橡皮擦工具”进行修改，效果如图 4.2.6 所示。

STEP21 新建一个图层，选择“画笔工具”，笔刷为 74（叶子形状），颜色为“白色”，颜色值为“#ffffff”，效果如图 4.2.7 所示。

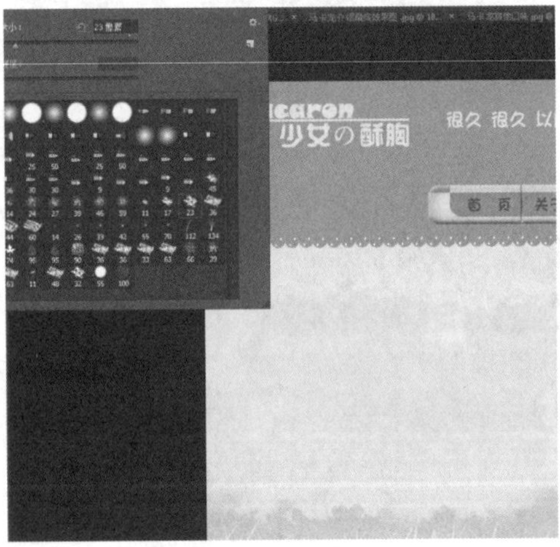

图 4.2.6

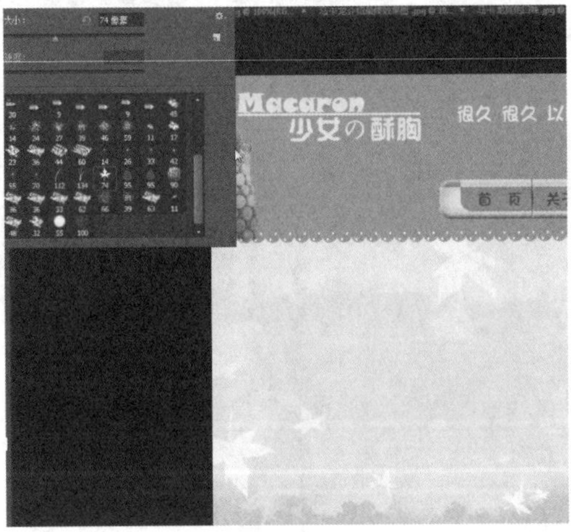

图 4.2.7

STEP22 新建一个图层，选择“画笔工具”，笔刷为 134（小草的形状），设置颜色为“浅黄色”，颜色值为“#fadcad”，不透明度为 85%，效果如图 4.2.8 所示。

STEP23 在马卡龙资料库中复制“马卡龙关于我们 3”文本文字，选择“横排文字工具”T，粘贴文字，字体为“华康方圆体 W7”，字体大小为“4 点”，颜色为“咖啡色”，颜色值为“#6c4830”，效果如图 4.2.9 所示。

图 4.2.8

Macaron
少女の酥胸
很久 很久 以前……
有个故事叫马卡龙
首 页
关于我们
产品系列
加入我们

图 4.2.9

STEP24 马卡龙“关于我们”二级页面制作完成，按“Ctrl+S”组合键保存。

4.3 “产品系列”二级页面制作（一）

Macaron
少女の酥胸
法国甜点马卡龙
新口味 新生活
首 页
关于我们
产品系列
加入我们
新口味
其他口味
巧克力奶油慕斯与红莓茶
西点师 Arnaud Larher
这款红莓茶味巧克力奶油慕斯马卡龙给我们带来春天的清新气息。
$ 48.00
香柠味
西点师 Hugo & Victor
香柠这种亚洲产柑橘类水果获得了众多消费者的青睐。
$ 26.00
糖衣栗子
西点师 Christophe Roussel
栗子这一冬季美食做成了甜品，将其与玫瑰马卡龙搭配在一起。
$ 35.00
在线咨询：402-520-2200
地址：广州荔湾区宝华路85号

最终效果图

STEP1 打开 Photoshop CS4，在 Photoshop CS4 中新建一个“宽度”和“高度”分别为 1024 像素和 760 像素，“分辨率”为 300 像素 / 英寸的白色背景文档。按“Ctrl+S”组合键将文档保存为“马卡龙产品系列新口味 .psd”。

STEP2~STEP16 操作步骤参照 4.1 章节的 STEP2~STEP16。

STEP17 新建一个图层，填充颜色为“浅黄色”，颜色值为“#f8e8ce”，此图层放在所有图层下方。

STEP18 从马卡龙资料库中导入“马卡龙产品系列新口味 1”图片。用“魔棒工具”按之前方法，选出背景图片“马卡龙”，复制到“产品系列”二级页面下的“马卡龙产品系列新口味”，把图片放在相应位置，效果如图 4.3.1 所示。

Macaron
少女の酥胸
首 页
关于我们
产品系列
加入我们

图 4.3.1

STEP19 选择“横排文字工具”T，输入“新口味”“其他口味”，字体为“华康方圆体 W7”，字体大小为“7 点”，颜色为“咖啡色”，颜色值为“#6c4830”，效果如图 4.3.2 所示。

STEP20 选择“横排文字工具”T，输入“法国甜点马卡龙”“新口味”“新生活”，其中“口味”“生活”字体大小为“7 点”，其他字体大小为“6 点”。选择“矩形选框工具”，设置样式为“固定大小”，“宽度”为 240px，“高度”为 330px，填充颜色为“灰色”，颜色值为“#a4a4a4”，不透明度为 20%。以此为例画出三个矩形，放在相应位置，效果如图 4.3.3 所示。

STEP21 在马卡龙资料库中分别复制“巧克力奶油酱与红莓茶”“青柠味”“糖衣栗子”的介绍资料，放在相应位置。“巧克力奶油酱与红莓茶”“青柠味”“糖衣栗子”字体大小为“4.5 点”，其他资料字体大小为“3.6 点”，效果如图 4.3.4 所示。

Macaron
少女の酥胸
新口味
其他口味

图 4.3.2

Macaron
少女の酥胸
法国甜点马卡龙
新口味
新生活
新口味
其他口味

图 4.3.3

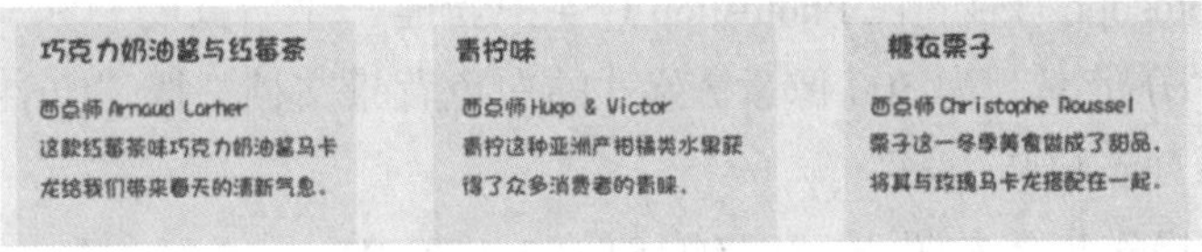
巧克力奶油酱与红莓茶
西点师 Arnaud Larher
这款红莓茶味巧克力奶油酱马卡龙给我们带来春天的清新气息。
青柠味
西点师 Hugo & Victor
青柠这种亚洲产柑橘类水果获得了众多消费者的青睐。
糖衣栗子
西点师 Christophe Roussel
栗子这一冬季美食做成了甜品，将其与玫瑰马卡龙搭配在一起。

图 4.3.4

STEP22 新建一个图层，选择“画笔工具”，点击快捷键“F5”出现画笔工具栏，参数如图 4.3.5 所示，颜色为“玫红色”，颜色值为“#ca93a2”。在相应位置使用“画笔工具”画出横线，效果如图 4.3.6 所示。

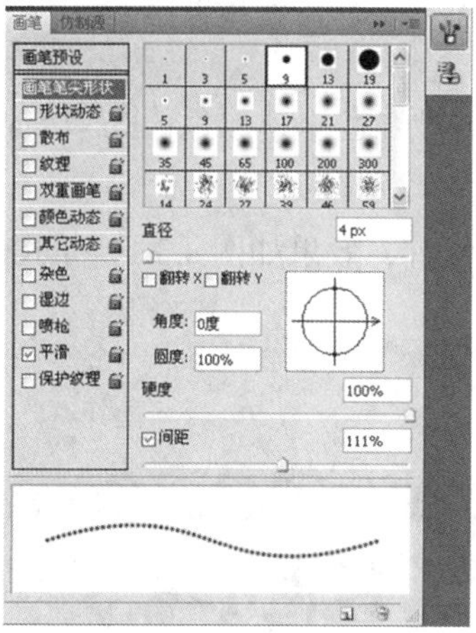

图 4.3.5

图 4.3.6

STEP23 从马卡龙资料库中分别导入“马卡龙产品系列新产品 2、3、4”三张图片，放在相应位置，效果如图 4.3.7 所示。

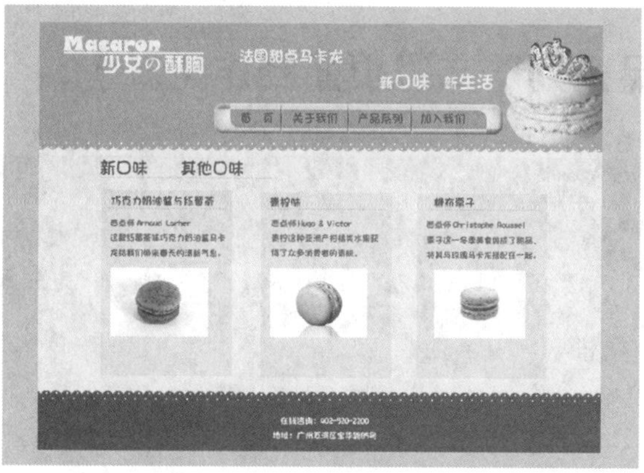

图 4.3.7

STEP24 新建一个图层，选择“矩形选框工具”，设置样式为“固定大小”，“宽度”为 125px，“高度”为 33px，颜色为“玫红色”，颜色值为“#ca93a2”。以此为例画出三个矩形，放在相应位置，效果如图 4.3.8 所示。

STEP25 选择“横排文字工具”T，依次输入“$48.00”“$26.00”“$35.00”。字体为“Tekton Pro”，颜色为“白色”，颜色值为“#ffffff”。将其放在相应位置，效果如图 4.3.9 所示。

图 4.3.8

图 4.3.9

STEP26 选择“自定义形状工具” ，设置颜色为“桃红色”，颜色值为“#ca93a2”，参数如图 4.3.10 所示。

STEP27 在窗口画出两个不同大小的图案，放在相应位置，效果如图 4.3.11 所示。

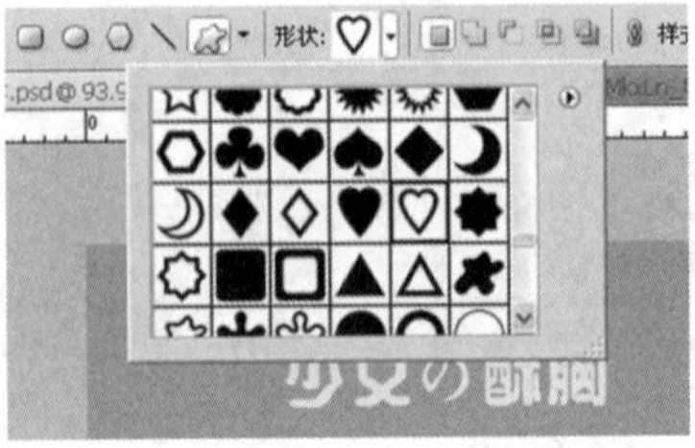

图 4.3.10

图 4.3.11

STEP28 马卡龙“产品系列”二级页面下的“产品系列新口味”页面制作完成，按“Ctrl+S”组合键保存。

4.4 “产品系列”二级页面制作（二）

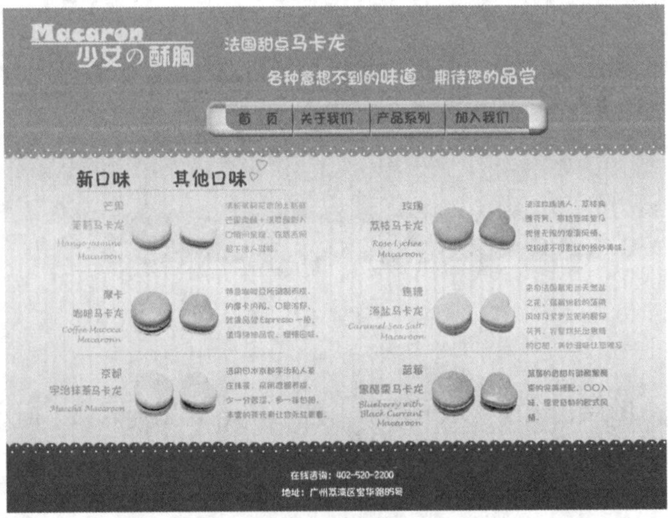

最终效果图

STEP1 打开 Photoshop CS4，在 Photoshop CS4 中新建一个“宽度”和“高度”分别为 1024 像素和 760 像素，“分辨率”为 300 像素 / 英寸的白色背景文档。按“Ctrl+S”组合键将文档保存为“马卡龙产品系列其他口味 .psd”。

STEP2~STEP16 操作步骤参照 4.1 章节的 STEP2~STEP16。

STEP17 选择“横排文字工具” T，输入“法国甜点马卡龙”“各种意想不到的味道期待您的品尝”，其中“马卡龙”“味道”“品尝”字体大小为“7 点”，其他字体大小为“6 点”，效果如图 4.4.1 所示。

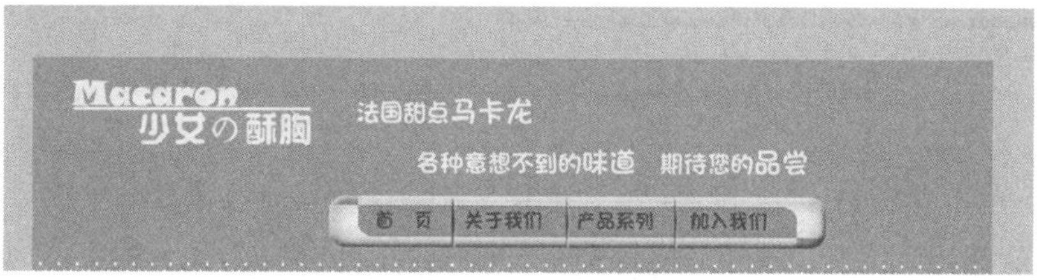

图 4.4.1

STEP18 按上个网页的方法制作，效果如图 4.4.2 所示。

图 4.4.2

STEP19 新建一个图层，放在最底层，填充颜色为“浅黄色”，颜色值为“#f9ead3”。双击图层进入“图层样式”，选择“渐变叠加”，参数如图 4.4.3 所示，效果如图 4.4.4 所示。

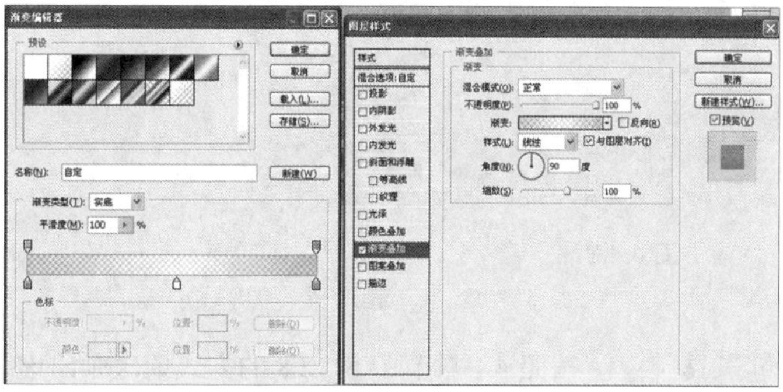

图 4.4.3

图 4.4.4

STEP20 新建一个图层，使用“矩形选框工具”画一个条形矩形，填充颜色为“橘黄色”，颜色值为“#ffc05a”，设置不透明度为 16%，复制后依次排列，效果如图 4.4.5 所示。

STEP21 从马卡龙资料库中分别导入“马卡龙产品系列其他产品 1、2、3、4、5、6”六张图片，将其摆放在相应位置，效果如图 4.4.6 所示。

图 4.4.5

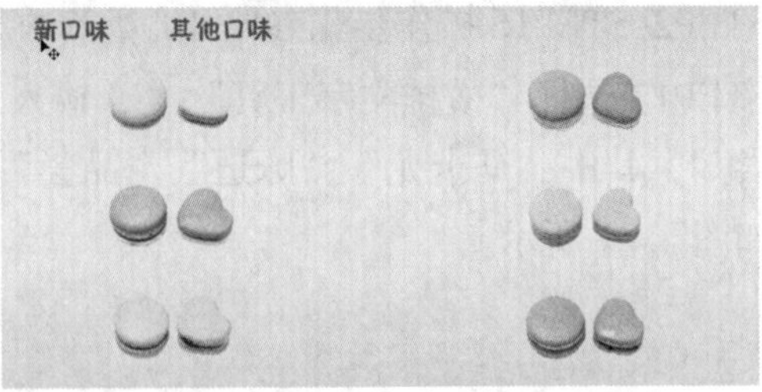

图 4.4.6

STEP22 从马卡龙资料库中分别导入“马卡龙产品系列其他口味介绍 1、2、3、4、5、6”的文本文字，放在相应位置。选用“横排文字工具” ，设置马卡龙名称字体为“华康方圆体 W7”，字体大小为“4 点”，马卡龙英文名称字体为“Lucida Handwriting”，字体大小为“2.8 点”，马卡龙文字介绍字体为“华康方圆体 W7”。其中“芒果茉莉马卡龙”介绍内容颜色为“橘黄色”，颜色值为“#f7a726”；“摩卡咖啡马卡龙”介绍内容颜色为“咖啡色”，颜色值为“#d19f54”；“京都宇治抹茶马卡龙”介绍内容颜色为“绿色”，颜色值为“#a3a93e”，“玫瑰荔枝马卡龙”介绍内容颜色为“桃红色”，颜色值为“#e68c77”；“焦糖海盐马卡龙”介绍内容颜色为“浅青色”，颜色值为“#6ac0a3”；“蓝莓黑醋栗马卡龙”介绍内容颜色为“玫红色”，颜色值为“#e88281”，效果如图 4.4.7 所示。

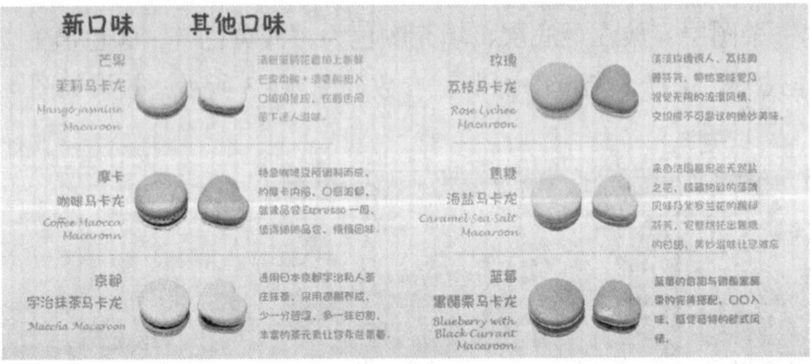

图 4.4.7

STEP23 新建一个图层，选择“画笔工具” ，按照 4.1 章节中 STEP8 的方式依次画出虚线，颜色为“玫红色”，颜色值为“#dab3b1”，效果如图 4.4.8 所示。

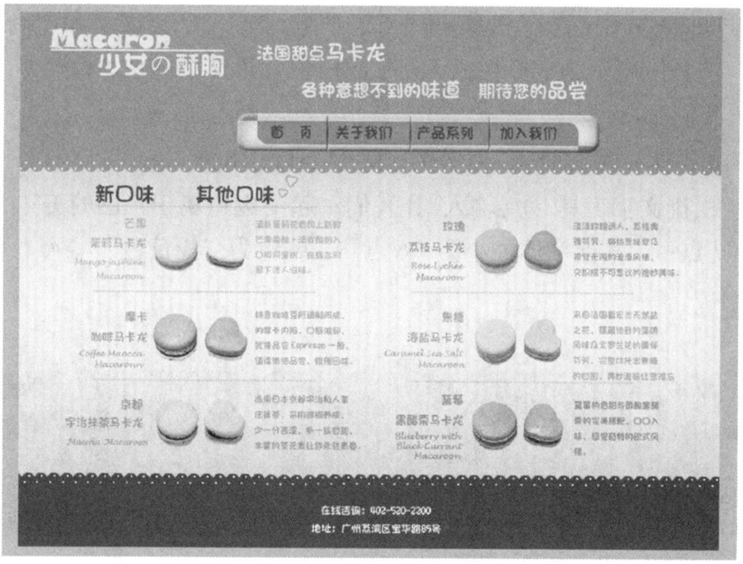
Macaron
少女の酥胸
法国甜点马卡龙
各种意想不到的味道 期待您的品尝
首 页
关于我们
产品系列
加入我们
新口味
其他口味
芒果
茉莉马卡龙
玫瑰
荔枝马卡龙
摩卡
咖啡马卡龙
焦糖
海盐马卡龙
京都
宇治抹茶马卡龙
蓝莓
黑醋栗马卡龙
在线咨询：402-520-2200
地址：广州荔湾区宝华路85号

图 4.4.8

STEP24 马卡龙“产品系列”二级页面下的“产品系列其他口味”页面制作完成，按“Ctrl+S”组合键保存。

4.5 “加入我们”二级页面制作

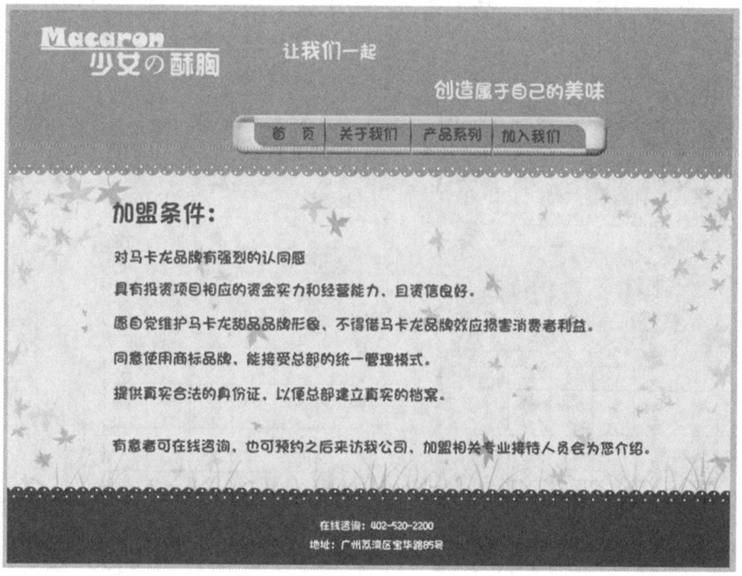
Macaron
少女の酥胸
让我们一起
创造属于自己的美味
首 页
关于我们
产品系列
加入我们
加盟条件：
对马卡龙品牌有强烈的认同感
具有投资项目相应的资金实力和经营能力、且资信良好。
愿自觉维护马卡龙甜品品牌形象、不得借马卡龙品牌效应损害消费者利益。
同意使用商标品牌，能接受总部的统一管理模式。
提供真实合法的身份证，以便总部建立真实的档案。
有意者可在线咨询，也可预约之后来访我公司，加盟相关专业接待人员会为您介绍。
在线咨询：402-520-2200
地址：广州荔湾区宝华路85号

最终效果图

STEP1 打开 Photoshop CS4，在 Photoshop CS4 中新建一个“宽度”和“高度”分别为 1024 像素和 760 像素，“分辨率”为 300 像素 / 英寸的白色背景文档。按“Ctrl+S”组合键将文档保存为“马卡龙加入我们 .psd”。

STEP2~STEP16 操作步骤参照 4.1 章节的 STEP2~STEP16。

STEP17 选择“横排文字工具”，输入“让我们一起”“创造属于自己的美味”。其中“我们”“美味”字体大小为“7 点”，其他字体大小为“6 点”，颜色为“浅黄色”，颜色值为“#f8e8ce”，效果如图 4.5.1 所示。

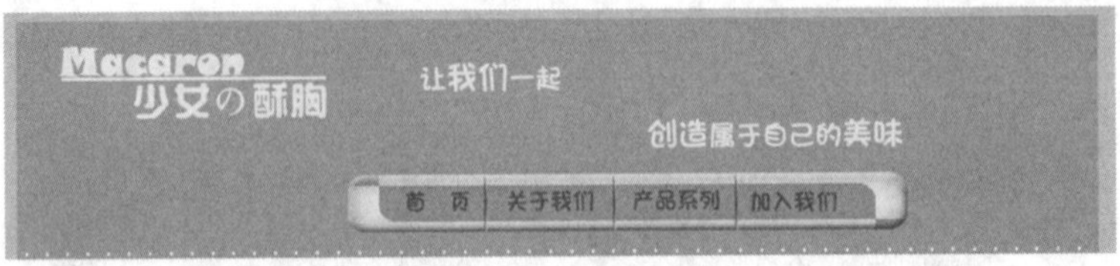

图 4.5.1

STEP18 新建一个图层，放置于所有图层下方，填充颜色为“浅橘黄色”，颜色值为“#fee1b7”。

STEP19 新建一个图层，选择“画笔工具”，参数如图 4.5.2 所示。填充颜色为“粉红色”，颜色值为“#ffa1a4”，在窗口画出适量枫叶，之后选择笔刷，参数如图 4.5.3 所示。在窗口适量画出小草，效果如图 4.5.4 所示。

STEP20 在马卡龙资料库中复制“马卡龙加入我们”文本文字，选择“横排文字工具”粘贴文字。字体为“华康方圆体 W7”，其中“加盟条件：”字体大小为“8 点”，其他为“5 点”，效果如图 4.5.5 所示。

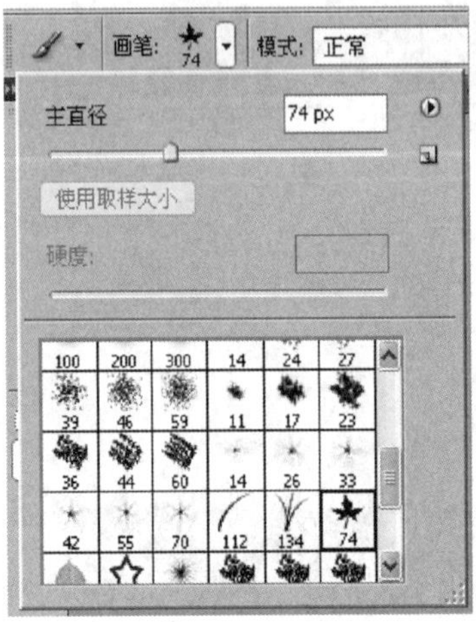

图 4.5.2

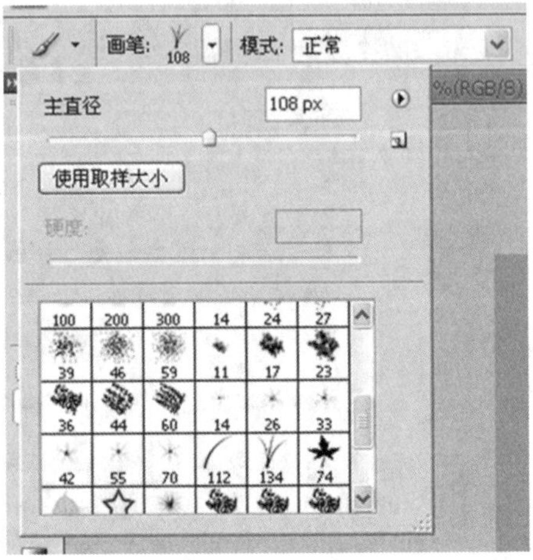

图 4.5.3

Macaron
少女の酥胸
让我们一起
创造属于自己的美味
首 页
关于我们
产品系列
加入我们
在线咨询：902-520-2200

图 4.5.4

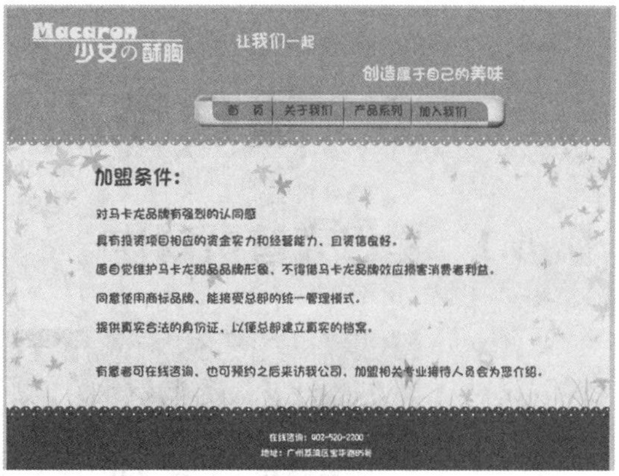
Macaron
少女の酥胸
让我们一起
创造属于自己的美味
首 页
关于我们
产品系列
加入我们
加盟条件：
对马卡龙品牌有强烈的认同感
具有投资项目相应的资金实力和经营能力，且资信良好。
愿自觉维护马卡龙甜品品牌形象，不得借马卡龙品牌效应损害消费者利益。
同意使用商标品牌，能接受总部的统一管理模式。
提供真实合法的身份证，以便总部建立真实的档案。
有意者可在线咨询，也可预约之后来访我公司，加盟相关专业接待人员会为您介绍。
在线咨询：902-520-2200

图 4.5.5

STEP21 马卡龙“加入我们”二级页面制作完成，按“Ctrl+S”组合键保存。

5　星巴克品牌网页美工设计

5.1　星巴克首页制作

最终效果图

STEP1 在 Photoshop CS4 中新建一个“宽度”和“高度”分别为 1920 像素和 1417 像素，“分辨率”为 72 像素 / 英寸，颜色模式为“RGB 颜色”的白色背景文档，如图 5.1.1 所示。确定后将文档储存为 Photoshop 格式，命名为“首页”，如图 5.1.2 所示。

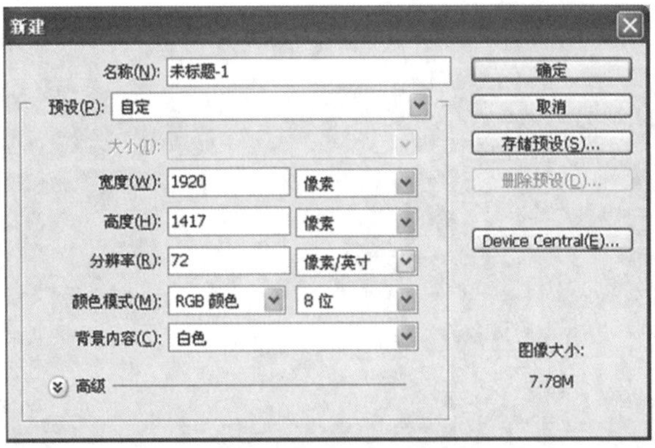

图 5.1.1

图 5.1.2

STEP2 新建一个组，命名为“背景”，在组里新建图层，命名为“背景”。选择“渐变工具”，选择“径向渐变”，设置左侧颜色值为“#b44f25”，右侧颜色值为“#530c0a”，效果如图 5.1.3 所示。

图 5.1.3

STEP3 新建图层，命名为“导航背景”，选择“矩形选框工具”框选出所需的区域，如图 5.1.4 所示。按“Ctrl+J”组合键将其剪切到图层，按“Ctrl+D”组合键取消选区后为其添加投影，参数如图 5.1.5 所示。

图 5.1.4

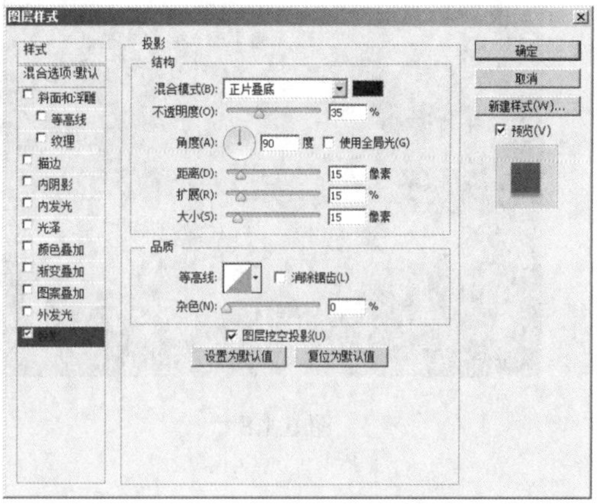

图 5.1.5

STEP4 新建图层，命名为“亮部”，选择“渐变工具”，选择“径向渐变”，设置左侧颜色值为“#d3840f”，不透明度为 50%，右侧颜色值为“#ffffff”，不透明度为 0，如图 5.1.6 所示。

STEP5 新建图层，命名为“底纹”，从素材库中导入“底纹 .png”，修改图层样式为“线性加深”线性加深，效果如图 5.1.7 所示。

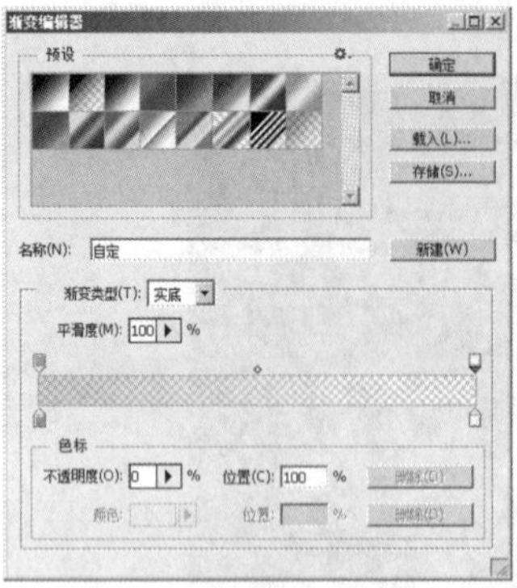

图 5.1.6

图 5.1.7

STEP6 新建一个组，命名为“导航”，在组里新建图层，命名为“logo”，从素材库中导入“logo.png”，并输入对应的导航文字，中文字体为“黑体”，字体大小为“9 点”，英文字体为“Arial”，字体大小为“6 点”，效果如图 5.1.8 所示。

STEP7 新建一个组，命名为“联系方式”，选择“横排文字工具”T，输入“地址”“邮编”“电话”“邮箱”，字体为“黑体”，字体大小为“4 点”，效果如图 5.1.9 所示。

图 5.1.8

图 5.1.9

STEP8 新建图层，命名为“装饰”，从素材库中导入“装饰 .png”，修改图层样式为“正常”，放在合适位置，如图 5.1.10 所示。

STEP9 新建一个组，命名为“主体”，在组里新建图层，命名为“背景”，从素材库中导入“背景 .png”，修改图层样式为“正面叠底”，放在合适位置，如图 5.1.11 所示。

图 5.1.10

图 5.1.11

STEP10 在“主体”组里新建一个组，命名为“展示图”，在组里新建图层，命名为“bg”，选择“矩形选框工具”，框选出展示区域并填充白色，颜色值为“#ffffff”，如图 5.1.12 所示。

STEP11 从素材库中导入“图 1.jpg”“图 2.jpg”“图 3.jpg”，放在相应位置，分别命名为“左边”“中间”“右边”，右键依次单击“左边”“中间”“右边”图层，为图层创建剪切蒙版，如图 5.1.13 所示。

图 5.1.12

图 5.1.13

STEP12 从素材库中导入“暗部底纹 .png”，修改图层样式为“颜色加深”，为图层创建剪切蒙版，如图 5.1.14 所示。从素材库中导入“亮光 .png”，为图层创建剪切蒙版，如图 5.1.15 所示。

图 5.1.14

图 5.1.15

STEP13 在“主体”组里新建一个组，命名为“咖啡”。从素材库中导入“咖啡 .png”“咖啡豆 .png”，放在合适位置，新建图层，命名为“杯子阴影”，效果如图 5.1.16 所示。

STEP14 在“主体”组里新建一个组，命名为“宣传语”。从素材库中导入“love.png”“星巴克 .png”，放在合适位置，选择“横排文字工具” T，输入“每一口都值得你细细品尝”，字体为“方正舒体”，字体大小为“13 点”，最终效果如图 5.1.17 所示。

图 5.1.16

图 5.1.17

STEP15 星巴克首页制作完成，按“Ctrl+S”组合键保存。

▌5.2 “菜单”二级页面制作

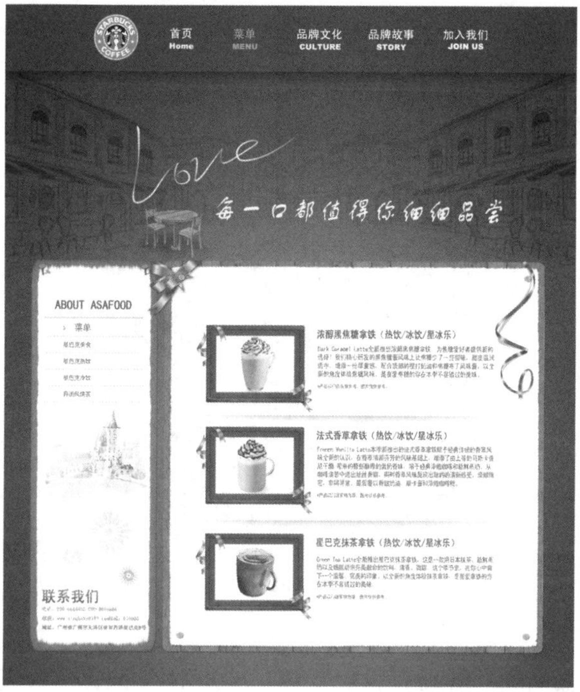

最终效果图

STEP1 在 Photoshop CS4 中新建一个“宽度”和“高度”分别为 1920 像素和 2226 像素，“分辨率”为 72 像素 / 英寸，颜色模式为“RGB 颜色”的白色背景文档，如图 5.2.1 所示。确定后将文档储存为 Photoshop 格式，命名为“菜单”，如图 5.2.2 所示。

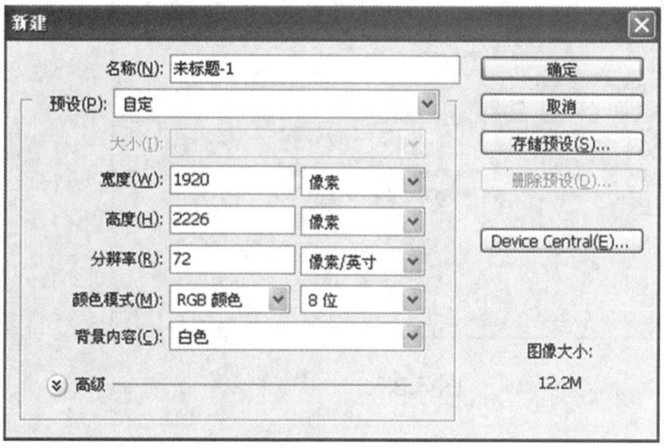

图 5.2.1

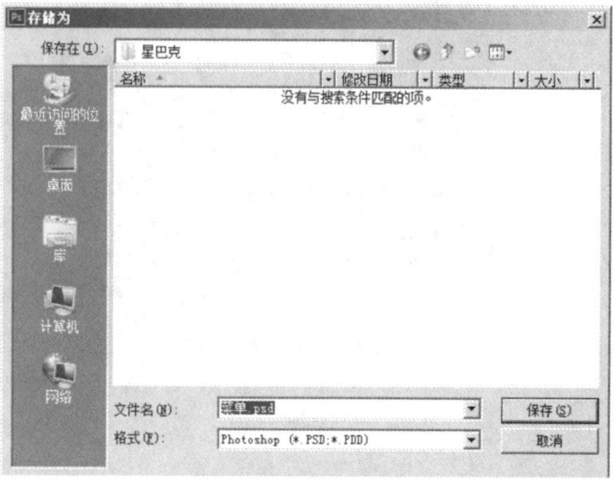

图 5.2.2

STEP2 新建一个组，命名为“背景”，在组里新建图层，命名为“背景”。选择“渐变工具”，选择“径向渐变”，设置左侧颜色值为“#d59923”，右侧颜色值为“#652f0a”，效果如图 5.2.3 所示。

图 5.2.3

STEP3 新建图层，命名为“导航背景”，选择“矩形选框工具”框选出所需的区域，如图 5.2.4 所示。按“Ctrl+J”组合键将其剪切到图层，按“Ctrl+D”组合键取消选区后为其添加投影。参数如图 5.2.5 所示。

图 5.2.4

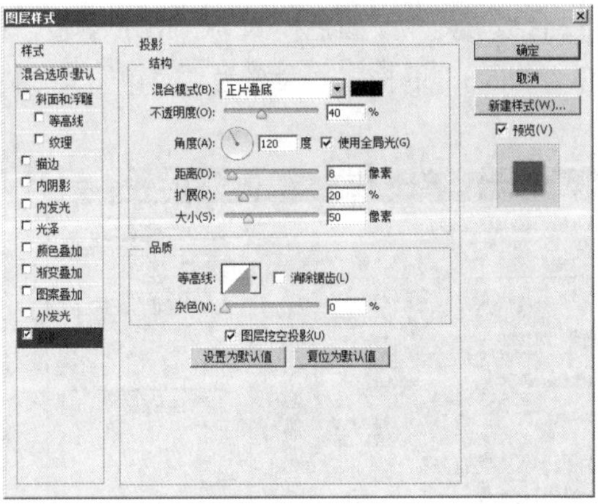

图 5.2.5

STEP4 新建图层，命名为“底纹”，从素材库中导入“底纹 .png”，修改图层样式为“线性加深”，效果如图 5.2.6 所示。

图 5.2.6

STEP5 新建一个组，命名为“导航”，在组里新建图层，命名为“logo”，从素材库中导入“logo.png”，选择“横排文字工具” T，输入对应的导航文字，中文字体为“黑体”，字体大小为“9点”，英文字体为“Arial”，字体大小为“6 点”，效果如图 5.2.7 所示。

STEP6 新建一个组，命名为“页面中部”，在组里新建图层，命名为“背景”。从素材库中导入“背景 .png”，将背景放在导航下面，修改图层样式为“正面叠底”，然后按“Ctrl+J”组合键复制一个背景层，按“Ctrl+T”组合键并点击右键选择“水平翻转”，效果如图 5.2.8 所示。

图 5.2.7

图 5.2.8

STEP7 新建图层，命名为“凳子”，从素材库中导入“凳子 .png”，放在合适位置，效果如图 5.2.9 所示。

STEP8 新建图层，命名为“LOVE”，从素材库中导入“LOVE.png”，放在合适位置，选择“横排文字工具” T，输入“每一口都值得你细细品尝”，字体为“方正舒体”，字体大小为“22点”，如图 5.2.10 所示。

图 5.2.9

图 5.2.10

STEP9 新建一个组，命名为“内容”，在组里新建组，命名为“左框架”，从素材库中导入“左框架底纹 .png”“钉子 .png”，新建图层，分别命名为“底纹”“白色背景”“钉子”，在“底纹”图层为其添加一个投影，参数如图 5.2.11 所示。

STEP10 在“内容”组里新建组，命名为“右框架”，从素材库中导入“框架底纹 .png”“彩带 .png”“蝴蝶彩带 .png”“图钉 .png”，新建图层，分别命名为“底纹”“白色背景”“蝴蝶彩带”“彩带”“图钉”，在“底纹”图层为其添加一个投影，参数如图 5.2.12 所示。

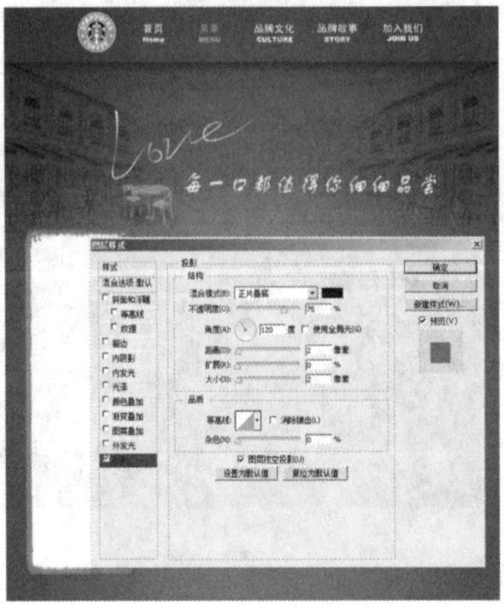

图 5.2.11

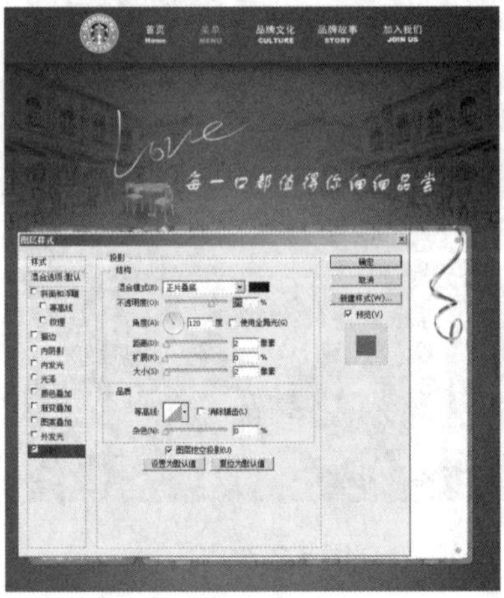

图 5.2.12

STEP11 在“内容”组里新建组，命名为“左边内容”，新建图层，命名为“线条”，选择“直线工具”，在左框架中拉出五条直线，颜色值为“#cdd8ca”。选择“横排文字工具”T，输入“ABOUT ASAFOOD”，设置字体为“黑体”，字体大小为“10 点”，颜色值为“#1e5f0a”。输入“>菜单”，设置字体为“黑体”，字体大小为“6 点”，颜色值为“#1e5f0a”。输入“星巴克美食”“星巴克热饮”“星巴克冷饮”“异国风情茶”，设置字体为“黑体”，字体大小为“5 点”，颜色值为“#1e5f0a”。从素材库中导入“菜单导航图 .png”“花 .png”，放在合适位置。从文字库中导入“地址 .txt”文件，设置字体为“黑体”，字体大小为“4 点”，颜色值为“#1e7903”。输入“联系我们”，设置字体为“黑体”，字体大小为“12 点”，颜色值为“#1e5f0a”，效果如图 5.2.13 所示。

STEP12 新建组命名为“右边内容”，在“右边内容”组里新建图层，从素材库中导入“产品框架 .png”“产品图 1.png”“产品图 2.png”“产品图 3.png”，放在合适位置。选择“横排文字工具”T，输入“浓醇黑焦糖拿铁（热饮 / 冰饮 / 星冰乐）”，设置字体为“黑体”，字体大小为“8 点”，颜色值为“#68391e”。导入“产品介绍 1”内容文字，设置字体为“黑体”，字体大小为“5.5 点”，颜色值为“#68391e”。输入“* 产品以门店实物为准，图片仅供参考。”设置字体为“黑体”，字体大小为“4 点”，颜色值为“#68391e”。

输入“法式香草拿铁（热饮 / 冰饮 / 星冰乐）”，设置字体为“黑体”，字体大小为“8 点”，颜色值为“#68391e”。导入“产品介绍 2”内容文字，设置字体为“黑体”，字体大小为“5.5 点”，颜色值为“#68391e”。输入“* 产品以门店实物为准，图片仅供参考。”设置字体为“黑体”，字体大小为“4 点”，颜色值为“#68391e”。

输入“星巴克抹茶拿铁（热饮 / 冰饮 / 星冰乐）”，设置字体为“黑体”，字体大小为“8 点”，颜色值为“#68391e”。导入“产品介绍 3”内容文字，设置字体为“黑体”，字体大小为“5.5 点”，颜色值为“#68391e”。输入“* 产品以门店实物为准，图片仅供参考。”设置字体为“黑体”，字体大小为“4 点”，颜色值为“#68391e”，最终效果如图 5.2.14 所示。

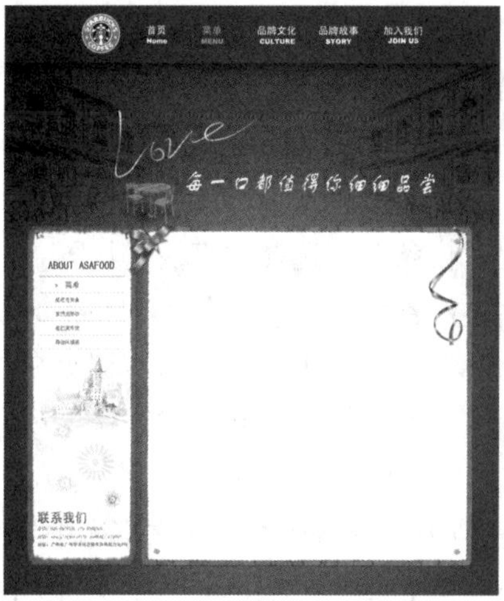

图 5.2.13

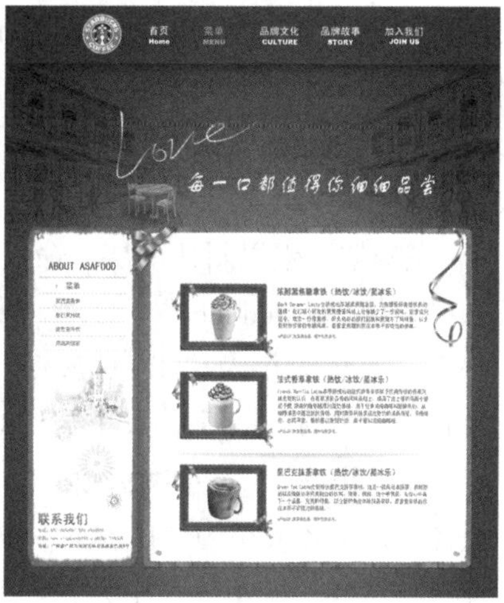

图 5.2.14

STEP13 星巴克“菜单”二级页面制作完成，按“Ctrl+S”组合键保存。

5.3 “品牌文化”二级页面制作

最终效果图

STEP1~STEP8 操作步骤参照 5.2 章节的 STEP1~STEP8。

STEP9 新建一个组，命名为“内容”，在组里新建组，命名为“左框架”，从素材库中导入“左框架底纹 .png”“钉子 .png”“菜单导航图 .png”“花 .png”，放在合适位置，新建图层，分别命名为“底纹”“白色背景”“钉子”，在“底纹”图层为其添加一个投影，参数如图 5.3.1 所示。

STEP10 在“左框架”组里新建图层，命名为“横条”，选择“直线工具”，在左框架中拉出两条直线，颜色值为“#cdd8ca”。选择“横排文字工具”，输入“Meet Starbucks”，设置字体为“黑体”，字体大小为“10 点”，颜色值为“#1e5f0a”。输入“遇见星巴克的浪漫与精彩”，设置字体为“黑体”，字体大小为“8 点”，颜色值为“#1e5f0a”。输入“> 咖啡文化内涵”，设置字体为“黑体”，字体大小为“6 点”，颜色值为“#1e5f0a”。输入“联系我们”，设置字体为“黑体”，字体大小为“12 点”，颜色值为“#1e5f0a”。从文字库中导入“地址 .txt”文件，设置字体为“黑体”，字体大小为“4 点”，颜色值为“#1e5f0a”，效果如图 5.3.2 所示。

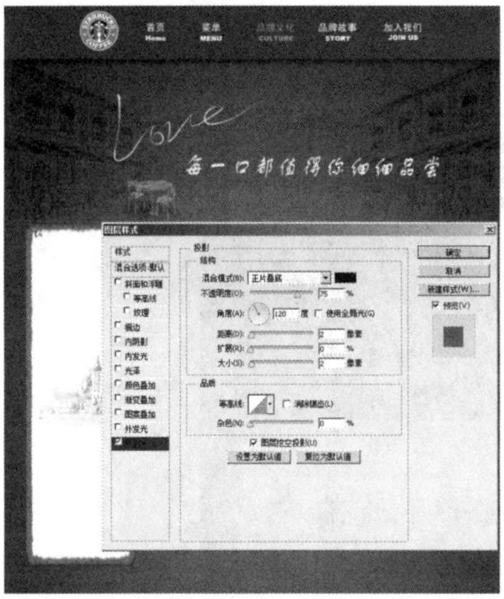

图 5.3.1

图 5.3.2

STEP11 在“内容”组里新建组，命名为“右框架”，从素材库中导入“框架底纹 .png”“彩带 .png”“蝴蝶结”“钉子”“内容背景 .png”，放在合适位置。选择“横排文字工具”T，从文字库中导入“品牌文化 .txt”文件，设置字体为“黑体”，字体大小为“6 点”，颜色值为“#9a805a”，效果如图 5.3.3 所示。

图 5.3.3

STEP12 星巴克“品牌文化”二级页面制作完成，按“Ctrl+S”组合键保存。

5.4 “品牌故事”二级页面制作

最终效果图

STEP1~STEP8 操作步骤参照 5.2 章节的 STEP1~STEP8。

STEP9 操作步骤参照 5.3 章节的 STEP9。

STEP10 在“左框架”组里新建图层，命名为“横条”，选择“直线工具”，在左框架中拉出两条直线，颜色值为“#cdd8ca”。选择“横排文字工具”，输入“Meet Starbucks”，设置字体为“黑体”，字体大小为“10 点”，颜色值为“#1e5f0a”。输入“遇见星巴克的浪漫与精彩”，设置字体为“黑体”，字体大小为“8 点”，颜色值为“#1e5f0a”。输入“> 星巴克の故事”，设置字体为“黑体”，字体大小为“8 点”，颜色值为“#1e5f0a”。输入“联系我们”，设置字体为“黑体”，字体大小为“12 点”，颜色值为“#1e5f0a”。从文字库中导入“地址 .txt”文件，设置字体为“黑体”，字体大小为“4 点”，颜色值为“#1e5f0a”，效果如图 5.4.1 所示。

STEP11 在“内容”组里新建组，命名为“右框架”，从素材库中导入“框架底纹 .png”“彩带 .png”“蝴蝶结 .png”“钉子 .png”“内容背景 .png”，放在合适位置。选择“横排文字工具”，从文字库中导入“品牌故事 .txt”文件，设置字体为“黑体”，字体大小为“6 点”，颜色值为“#9a805a”，效果如图 5.4.2 所示。

图 5.4.1

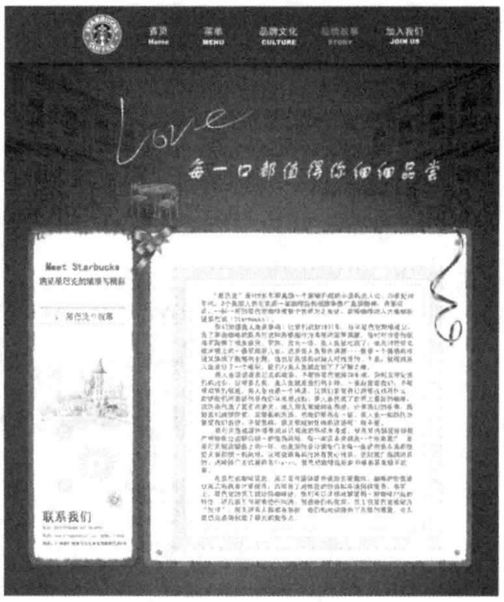

图 5.4.2

STEP12 星巴克“品牌故事”二级页面制作完成，按“Ctrl+S”组合键保存。

5.5 “加入我们”二级页面制作

最终效果图

STEP1~STEP8 操作步骤参照 5.2 章节的 STEP1~STEP8。

STEP9 操作步骤参照 5.3 章节的 STEP9。

STEP10 在“左框架”组里新建图层，命名为“横条”，选择“直线工具”，在左框架中拉出两条直线，颜色值为“#cdd8ca”。选择“横排文字工具”，输入“Meet Starbucks”，设置字体为“黑体”，字体大小为“10 点”，颜色值为“#1e5f0a”。输入“遇见星巴克的浪漫与精彩”，设置字体为“黑体”，字体大小为“8 点”，颜色值为“#1e5f0a”。输入“> 星巴克の故事”，设置字体为“黑体”，字体大小为“8 点”，颜色值为“#1e5f0a”。输入“联系我们”，设置字体为“黑体”，字体大小为“12 点”，颜色值为“#1e5f0a”。从文字库中导入“地址 .txt”文件，设置字体为“黑体”，字体大小为“4 点”，颜色值为“#1e5f0a”，效果如图 5.5.1 所示。

图 5.5.1

STEP11 在“内容”组里新建组，命名为“右框架”，从素材库中导入“框架底纹 .png”“彩带 .png”“蝴蝶结 .png”“钉子 .png”“内容背景 .png”“咖啡 .png”，放在合适位置。选择“横排文字工具” T，从文字库中导入“加入我们 .txt”文件，设置字体为“黑体”，字体大小为“6 点”，颜色值为“#9a805a”。选择“矩形工具”，框选出合适的大小，双击图层为其添加“描边”，设置颜色值为“#9a805a”，参数如图 5.5.2 所示，最终效果如图 5.5.3 所示。

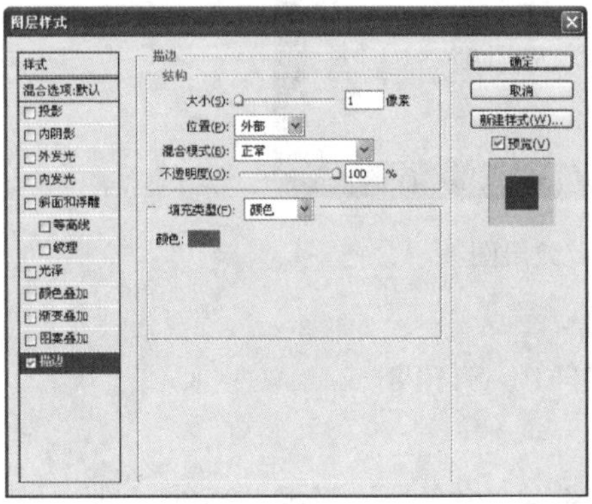

图 5.5.2

图 5.5.3

STEP12 星巴克“加入我们”二级页面制作完成，按“Ctrl+S”组合键保存。

6 地下铁品牌网页美工设计

6.1 地下铁首页制作

最终效果图

STEP1 打开 Photoshop CS4，在 Photoshop CS4 中新建一个“宽度”和“高度”分别为 1024 像素和 805 像素，“分辨率”为 72 像素 / 英寸，“颜色模式”为“RGB 颜色”的白色背景文档，参数如图 6.1.1 所示，单击“确定”按钮。按“Ctrl+S”组合键存为“首页 .psd”。

STEP2 打开“地下铁素材”文件夹，选择文件名为“1”的图片，单击“打开”按钮，将图片导入 Photoshop CS4 界面，如图 6.1.2 所示。

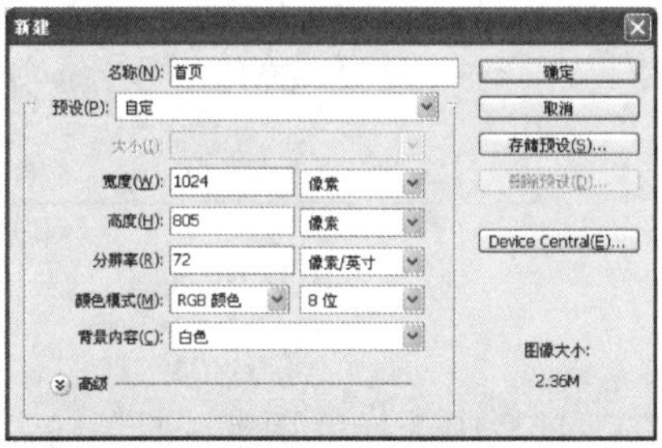

图 6.1.1

图 6.1.2

STEP3 把打开的图片复制粘贴到“首页”，放大到与白背景同等比例，新建图层，命名为“黑色背景”，照着图片把需要的色块，在工具栏中选择“钢笔工具”勾出，然后选择“油漆桶工具”填充黑色，如图 6.1.3 所示。

图 6.1.3

STEP4 新建图层，选择“矩形选框工具”，设置样式为“固定大小”，“宽度”和“高度”分别为 740px 和 710px，如图 6.1.4 所示。设置前景色颜色值为“#e6e5e5”，在工具栏中选择“油漆桶工具”填充灰色，将图层命名为“灰色背景”，如图 6.1.5 所示。双击“灰色背景”图层，点击“投影”，设置不透明度为 75%，角度为 90°，距离为 8 像素，扩展为 0，大小为 16 像素，按“确定”键，如图 6.1.6 所示。

图 6.1.4

图 6.1.5

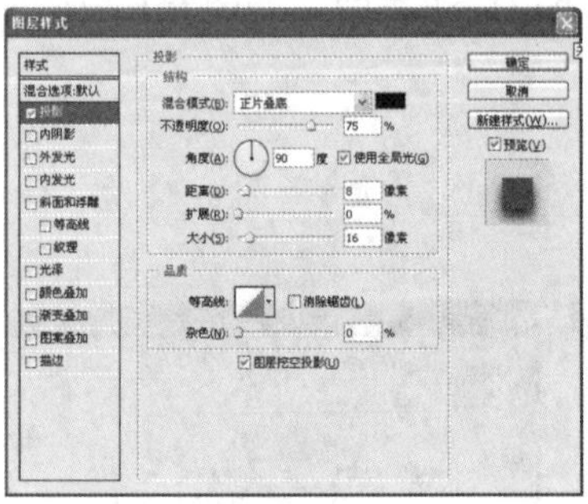

图 6.1.6

STEP5 新建图层，绘制地下铁 logo。首先在工具栏中选择“钢笔工具”，绘制出一个不规则的圆形，进入“路径”面板，将绘制的不规则圆形路径载入选区，转化为蚂蚁线，然后选择“油漆桶工具”填充黑色，将其放在版面的左上方。新建图层，选择工具栏中的“画笔工具”，设置画笔笔触为“尖角 1 像素”，绘制 logo 图形。再新建图层，调整画笔颜色，设置画笔笔触为“尖角 1 像素”，颜色值为“#bb7307”，绘制 logo 黄色图形，最后选择这三个图层，右键选择“合并图层”，命名为“logo”，放在相应位置，如图 6.1.7 所示。

图 6.1.7

STEP6 新建图层，在工具栏中选择“钢笔工具”，绘制外卖电话形，进入“路径”面板，将绘制的外卖电话形路径载入选区，转化为蚂蚁线，然后选择“油漆桶工具”填充黑色。再新建图层，绘制白色外卖电话标志，重复以上步骤。最后把两个图层合并为，命名为“外卖电话标志”。在工具栏中选择“横排文字工具”，设置字体为“方正舒体”，字体大小为“11.82 点”，颜色值为“#ffffff”，输入“外卖热线”“020-800-0246”。选择“横排文字工具”，输入“地下铁特快送　美味直接送到家”，适当调整位置，效果如图 6.1.8 所示。

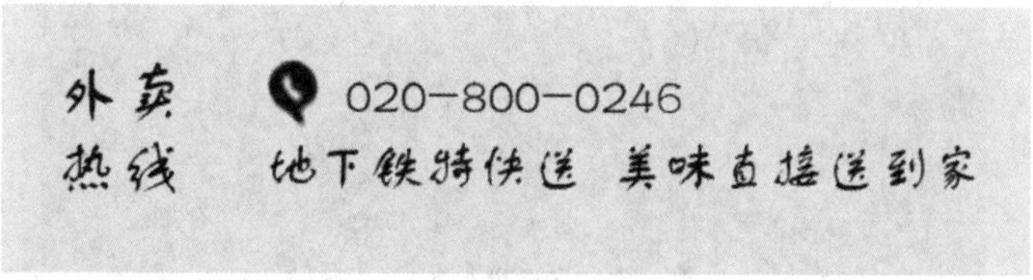

图 6.1.8

STEP7 在工具栏中选择“横排文字工具”，设置字体为“宋体”，字体大小为“15.5 点”，颜色值为“#000000”，输入“首页”“品牌中心”“产品系列”“加盟专区”，然后在字组之间输入“｜　”符号。再选择“横排文字工具”，设置字体为“宋体”，字体大小为“12 点”，颜色值为“#463d3d”，输入“设为首页”“收藏本站”“登录｜注册”“帮助”，适当调整位置，如图 6.1.9 所示。

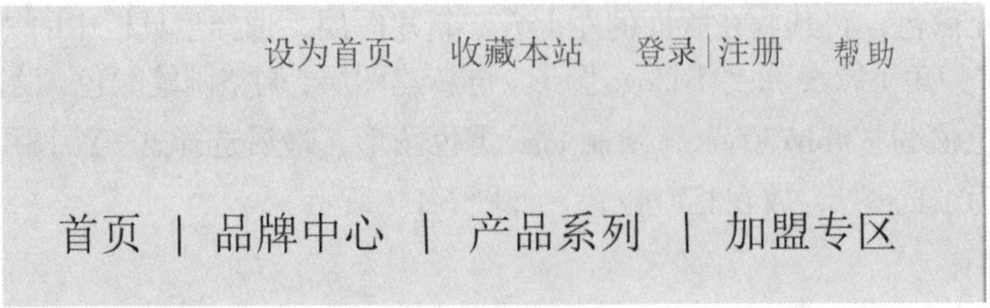

图 6.1.9

STEP8 在工具栏中选择“横排文字工具”，设置字体为“宋体”，字体大小为“12 点”，颜色值为“#ffffff”，输入“关于我们”“公司简介”“网店专卖”“站点地图”“版权信息”“联系我们”，字组之间用“| ”符号隔开，适当调整位置，如图 6.1.10 所示。

图 6.1.10

STEP9 按住“Ctrl+R”组合键打开标尺，纵向拉开参考线，在 150 像素和 660 像素各拉开一条血位。横向拉开参考线，在 165 像素和 435 像素各拉开一条血位。设置前景色为“黑色”，在工具栏中选择“圆角矩形工具”，在参考线内拉开对应大小的矩形，如图 6.1.11 所示，并在图层中将其重命名为“黑色底”。

图 6.1.11

STEP10 在黑色框内，画出如图 6.1.12 所示的中英文字与 logo。新建图层，在工具栏中选择“钢笔工具”，绘制出一个不规则的圆形，进入“路径”面板，将绘制的不规则圆形路径载入选区，转化为蚂蚁线，然后选择“油漆桶工具”填充白色。选择“画笔工具”，设置画笔笔触为“尖角 3 像素”，笔尖颜色为“黑色”，画出 logo 标志。重复以上步骤，设置画笔笔触为“尖角 4 像素”，笔尖颜色为“白色”，准确地画出“地下鐵　DRINKING EXPRESS”的 POP 字体，将该图层命名为“地下铁 pop”。合并以上三个图层，命名为“地下铁 logo”。选择“横排文字工具”T，设置字体为“宋体”，字体大小为“18 点”，颜色值为“#ffffff”，输入“地下铁经典港式奶茶”。打开“地下铁素材”文件，找到图“3”，复制粘贴到“首页”，点击图片图层，去掉图片锐利边角，放到相应位置，如图 6.1.12 所示。

图 6.1.12

STEP11 在下方空白处，选择“圆角矩形工具”，设置前景色为“白色”，拉出一个矩形框，并适当调整大小，命名为“白框底”。新建图层，用“矩形选框工具”框出黑色小横杠，比白框稍短 0.5cm，再按住“Alt”键，同时点击鼠标左键拖出复制图层副本，移至白色矩形框下方，图层放在如图 6.1.13 所示的适当位置，命名为“横杠”。

图 6.1.13

STEP12 在白色底区域中，选择工具栏的“圆角矩形工具”，分别拉出三个黑色框，如图 6.1.14 所示。打开“地下铁素材文件”，选择文件名为“4”“5”“6”的图片，单击“打开”按钮，将图片分别导入 Photoshop CS4 界面，如图 6.1.15 所示，再根据图片“4”“5”“6”的大小，调整对应黑色矩形框的大小，黑色矩形框比图片大 0.2cm × 0.2cm。

图 6.1.14

图 6.1.15

STEP13 在图片下方，选择工具栏中的“横排文字工具”，设置字体为“宋体”，字体大小为“10 点”，颜色值为“#ffffff”，输入产品名称“香醇果味鸳鸯”“浓情果味椰汁”“红豆水果冰沙”，在文字左上方用“横排文字工具”输入“新品推荐”，右下方输入“more”。在文字下方用工具栏中的“圆角矩形工具”，拉出比文字范围大 0.1cm×0.1cm 的黑色矩形框，并放在各图片的居中位置，如图 6.1.16 所示。

图 6.1.16

STEP14 首先在右上方空白处选择工具栏中“圆角矩形工具”，拉出 3.0cm×2.8cm 的矩形。然后选择工具栏中的“横排文字工具”，设置字体为“宋体”，字体大小为“14 点”，颜色值为“#ffffff”，输入“加入我们”“使命宣言”“伙伴故事”“企业文化”“会员优惠”“管理理念”“使用条款”“常见问题”“帮助中心”“隐私政策”，调整文字位置，如图 6.1.17 所示。

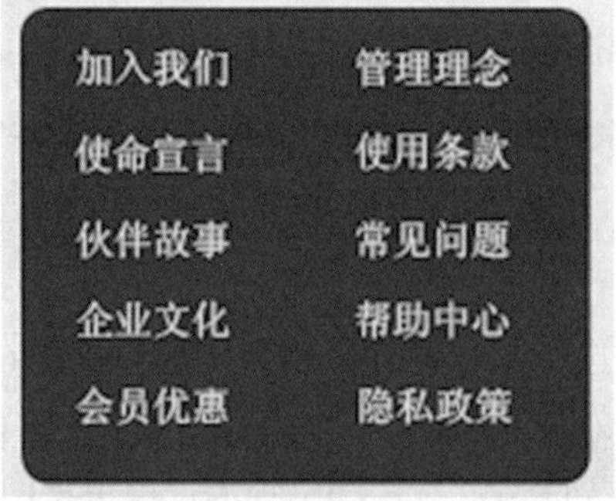

图 6.1.17

STEP15 完成效果如图 6.1.18 所示，地下铁首页制作完成，按“Ctrl+S”组合键保存。

图 6.1.18

6.2 “品牌中心”二级页面制作

最终效果图

STEP1~STEP8 操作步骤参照 6.1 章节的 STEP1~STEP8。

STEP9 在灰色区域选择工具栏中“矩形选框工具”，设置前景色为“白色”，拉出 25cm × 8cm 大小的白色矩形框，重复以上步骤在右下方拉出 13cm × 8cm 的白色矩形框，如图 6.2.1 所示。

图 6.2.1

STEP10 打开“地下铁素材文件”找到图片“10”“11”，复制粘贴到如图 6.2.2 所示的位置上，去掉边缘锐角。再根据图的大小选择工具栏中的“圆角矩形工具”，拉出比图片大 0.2cm × 0.2cm 的矩形框，如图 6.2.3 所示。把黑色矩形框置于图片“10”“11”的图层之下。

图 6.2.2

图 6.2.3

STEP11 选择工具栏中的“横排文字工具”T，设置字体为“宋体”，字体大小为“12 点”，颜色值为“#020202”，打开地下铁文字素材的资料库，找到地下铁品牌中心的介绍段落，将文字复制粘贴到相应位置，文字左对齐，如图 6.2.4 所示。

地下铁（MTR）港式的新锐饮品贯彻“健康、时尚、休闲、营养快捷”的经营理念和“时尚饮品、时尚生活”的顾客、员工双利的经营概念。
地下铁茶餐厅贯彻企业宗旨，凭借个性的定位和独特的口感赢取了广大消费者。
地下铁港式风情系列是以树立中国餐饮品牌和推广特色饮品为发展方向，倡导健康、美味、快乐，让奶茶成为一种生活时尚，一种美味享受。
地下铁茶餐厅 香港的茶餐厅
地下铁经典港式奶茶
地下铁
地下铁奶茶
时尚 快捷
MTR 地下鐵
地下铁茶餐厅历史：
在第二次世界大战之前，香港一些住宅区的附近有不少大排档，这些大排档主要提供油条、叉烧包等中式早餐。战后，香港受到西式生活影响，由于当时只有高级餐厅会提供西式食物，而这些餐厅收费昂贵，且不太欢迎华人。为了让更多人以低廉的价钱享受西式食物，冰室及茶餐厅相继兴起。
冰室本来是以提供咖啡、奶茶、红豆冰等饮品为主，同时提供三文治、奶油多士等小食。部份冰室更设有面包工场，制造新鲜菠萝包、蛋挞等揉合了本地和西洋特色的饼食。

图 6.2.4

STEP12 完成效果如图 6.2.5 所示，地下铁“品牌中心”二级页面制作完成，按“Ctrl+S”组合键保存。

设为首页 收藏本站 登陆|注册 帮助
020-800-0246
首页 | 品牌中心 | 产品系列 | 加盟专区
地下铁奶茶
时尚 快捷
MTR 地下鐵
关于我们 | 公司简介 | 网店专卖 | 站点地图 | 版权信息 | 联系我们

图 6.2.5

6.3 “产品系列”二级页面制作

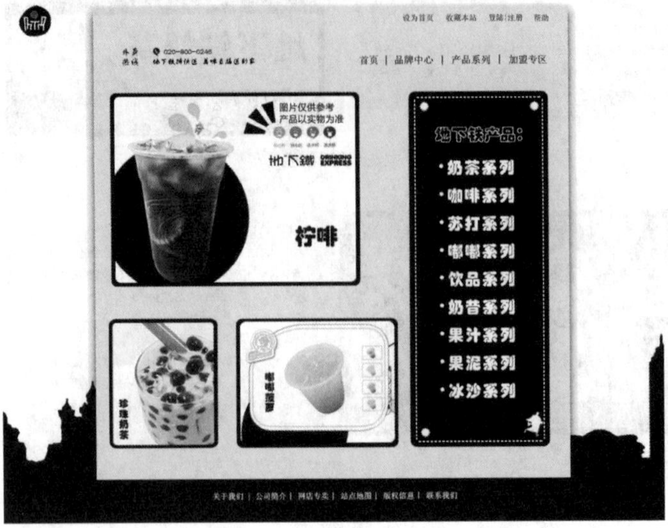

最终效果图

STEP1~STEP8 操作步骤参照 6.1 章节的 STEP1~STEP8。

STEP9 打开“地下铁素材文件”找到图片“7”“8”“9”，去掉边缘锐角，再根据图的大小选择工具栏中的“圆角矩形工具”，拉出比图片大 0.2cm × 0.2cm 的矩形框。新建图层，选择工具栏中的“钢笔工具”，绘出如图 6.3.1 中的黑色扇形，再选择工具栏中的“画笔工具”，设置画笔笔触为“尖角 4 像素”，笔尖颜色为“黑色”，准确地画出“地下鐵 DRINKING EXPRESS”的 POP 字体。选择工具栏中的“横排文字工具”，设置字体为“黑体”，字体大小为“15 点”，字体颜色为“黑色”，输入“图片仅供参考　产品以实物为准”。将该图层分别与图片“7”“8”“9”图层合并，命名为“图层 7”“图层 8”“图层 9”。点击“图层 8”与“图层 9”的图片，选择工具栏中的“画笔工具”，笔尖颜色为“白色”，把“黑色扇形”“地下铁 pop”和“图片仅供参考　产品以实物为准”这些内容擦除。再选择工具栏中的“横排文字工具”，设置字体为“华文琥珀”，字体大小为“35.56 点”，字体颜色为“黑色”，输入“柠啡”“珍珠奶茶”“嘟嘟菠萝”放在相应的图片上，如图 6.3.2 所示。

图 6.3.1

图 6.3.2

STEP10 选择工具栏中的“圆角矩形工具”，绘制出一个 19cm × 7.2cm 的矩形，设置前景色为“黑色”，与图 6.3.2 的图片上下对齐，并命名为“文字黑底”，如图 6.3.3 所示。

STEP11 选择工具栏中的“横排文字工具”，设置字体为“华文彩云”，字体大小为“25 点”，输入“地下铁产品：”。再选择“横排文字工具”，设置字体为“华文琥珀”，字体大小为“24 点”，输入“奶茶系列”“咖啡系列”“苏打系列”“嘟嘟系列”“饮品系列”“奶昔系列”“果汁系列”“果泥系列”“冰沙系列”，在每个系列前添加符号，调整位置如图 6.3.4 所示。

图 6.3.3

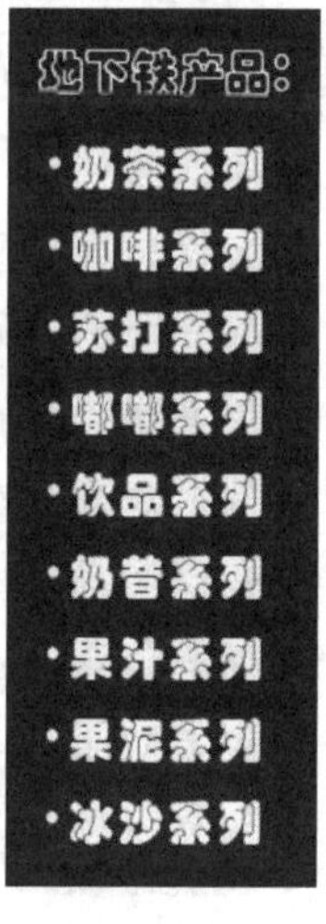

图 6.3.4

STEP12 新建图层，命名为“卡通人物”，在新建的卡通人物图层上选择工具栏中的“钢笔工具”，绘制一个卡通人物的图形，如图 6.3.5 所示。重复上面的步骤，新建图层，命名为“钉子”，在新建的钉子图层上选择工具栏中的“钢笔工具”，绘制一个钉子的图形，如图 6.3.6 所示。新建图层，命名为“虚线”，在黑色框内，收缩到 0.3cm × 0.3cm 大小，绘制虚线，放在相应位置，效果如图 6.3.7 所示。

STEP13 完成效果如图 6.3.8 所示，地下铁“产品系列”二级页面制作完成，按“Ctrl+S”组合键保存。

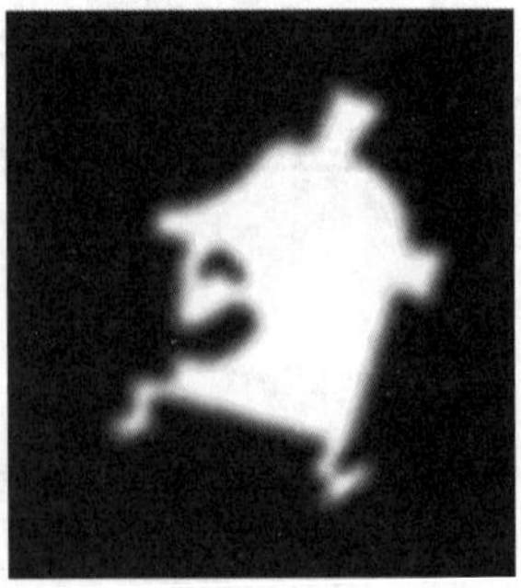

图 6.3.5

图 6.3.6

图 6.3.7

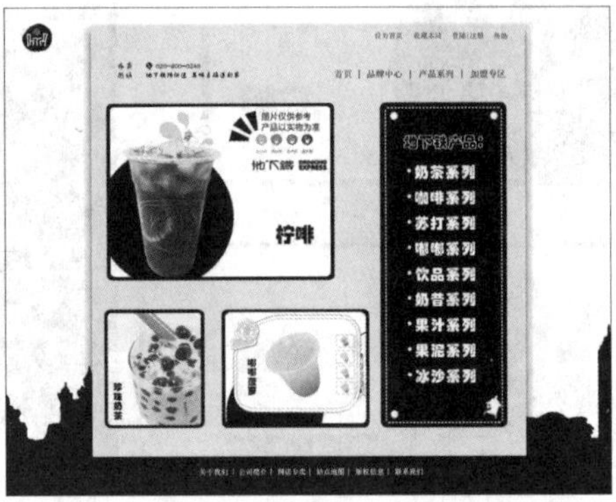

图 6.3.8

6.4 “加盟专区”二级页面制作

设为首页　收藏本站　登陆|注册　帮助
020-800-0246
首页 | 品牌中心 | 产品系列 | 加盟专区
企业文化
我们的目标愿是：“地下铁”饮品成为世界级饮品；
“地下铁”销售网络成为行业龙头；
“地下铁”公司成为上市公司。
我们的使命：向消费者传递地下铁“时尚、快捷、安全”的饮食文化。
我们的品牌哲学：饮在此、乐在此。
我们的经营哲学：高质低价、永续经营。
我们的饮品制作哲学：尊重每一杯饮品 、尊重每一位“铁丝”
企业简述
-2004年12月5日创立
-总部设在广西柳州市
-在香港及珠海设有产品研发及品质监控中心
-在法国、广州及柳州设有形象设计机构及广告合作伙伴
-在全国超过20个省的100多个城市设分代理
-截止2011年6月开设店铺超过1000间
-2010年销售额超过3亿元
-合作伙伴包括世界500强食品公司及大中华区最大的咖茶供应商
-产品获得中国QS强制质量认证
-原料来自超过10个国家、绝大多数为行业各分类最TOP品牌
企业加盟
加盟总部：
广西柳州　广东广州
广西南宁　广东东莞
湖北武汉　广东深圳
湖南长沙　吉林长春
云南昆明　贵州贵阳
四川成都　江苏常州
加盟热线：
080-8302-008
050-8502-007
020-8543-210
关注企业：
官方网站
http://www.dxt.com
微博
地下铁港式奶茶
关于我们 | 公司简介 | 网店专卖 | 站点地图 | 版权信息 | 联系我们

最终效果图

STEP1~STEP8 操作步骤参照 6.1 章节的 STEP1~STEP8。

STEP9 按“Ctrl+R”组合键，横向分别在 5.9cm 和 21.9cm 处拉出标尺，纵向分别在 5.61cm 和 5.6cm 处拉出标尺，选择工具栏中的“圆角矩形工具”，设置前景色为“黑色”，在标尺框内拉出黑色矩形，如图 6.4.1 所示。

图 6.4.1

STEP10 选择工具栏中的“圆角矩形工具”，设置前景色为“白色”，运用STEP9 的方法，分别拉出 14.3cm × 5.7cm、15.3cm × 9cm、7.7cm × 20cm 三个白色矩形框，命名为“左上白框”“左下白框”“右白框”，并适当调整位置，如图 6.4.2 所示。

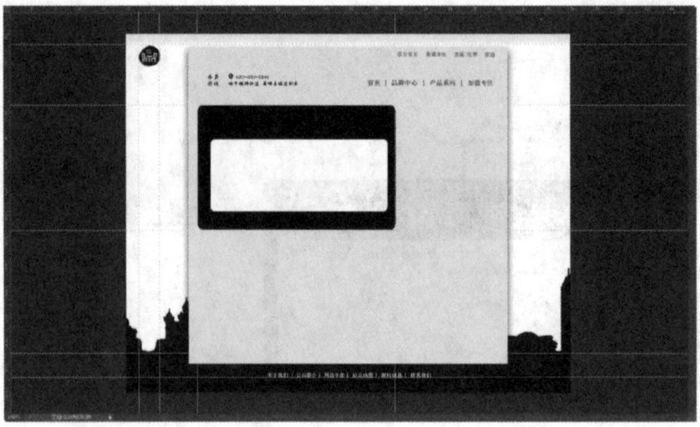

图 6.4.2

STEP11 新建图层，命名为“卡通人物”，在新建的卡通人物图层上选择工具栏中的“钢笔工具”，绘制一个卡通人物的图形，如图 6.4.3 所示。重复上面的步骤，新建图层，命名为“钉子”，在新建的钉子图层上选择工具栏中的“钢笔工具”，绘制一个钉子的图形，如图 6.4.4 所示，放在相应位置，效果如图 6.4.5 所示。

STEP12 选择工具栏中的“横排文字工具”，分别在如图 6.4.6 所示的位置，输入“企业文化”“企业简述”“企业加盟”，并在文字前加入符号。

图 6.4.3

图 6.4.4

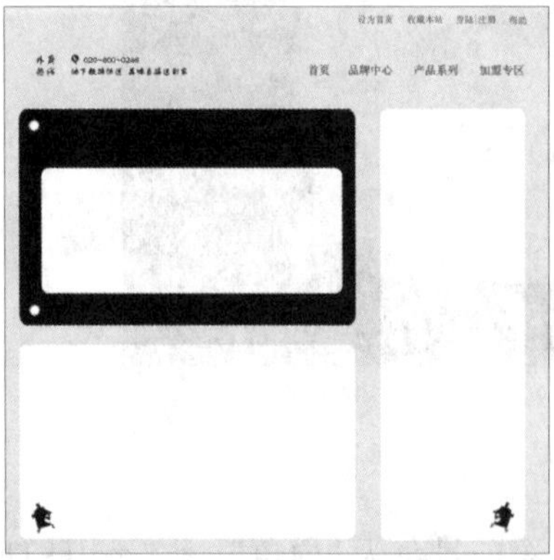

图 6.4.5

图 6.4.6

STEP13 打开“地下铁素材文件”，找到“加盟专区”的段落，再选择工具栏中的“横排文字工具”，设置字体为“宋体”，字体大小为“12点”，颜色值为“#020202”，把“企业文化”“企业简述”“企业加盟”的段落复制粘贴到相应位置，如图6.4.7所示。

STEP14 选择工具栏中的“圆角矩形工具”，拉出一个1cm ×0.3cm大小的小矩形框，再选择工具栏中的“横排文字工具”，设置字体为“Bodoni MT”，字体大小为“10.73点”，在黑色矩形框内输入“more”，矩形框与文字合并，并放到相应位置，如图6.4.8所示。

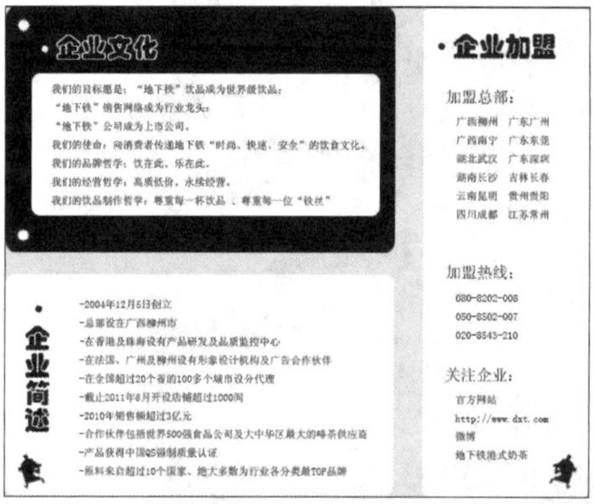

图 6.4.7

图 6.4.8

STEP15 完成效果如图6.4.9所示，地下铁“加盟专区”二级页面制作完成，按“Ctrl+S”组合键保存。

图 6.4.9

7　必胜客品牌网页美工设计

7.1　必胜客首页制作

最终效果图

STEP1 首先启动 Photoshop CS4，进入 Photoshop CS4 操作界面。执行“文件”菜单中的“新建”命令，或按“Ctrl+N”组合键打开“新建”对话框，设置“宽度”和“高度”分别为 1280 像素和 1024 像素，“分辨率”为 72 像素 / 英寸，“颜色模式”为“RGB 颜色”，单位为“8 位”，“背景内容”为“白色”的文件，如图 7.1.1 所示。按“Ctrl+S”组合键将文档保存为“首页 .psd”，如图 7.1.2 所示。

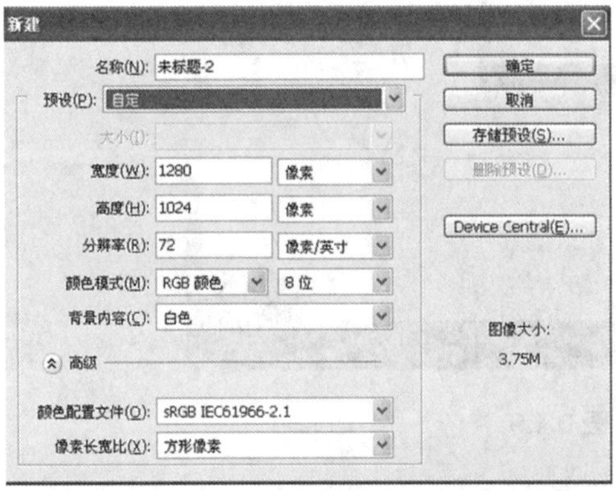

图 7.1.1

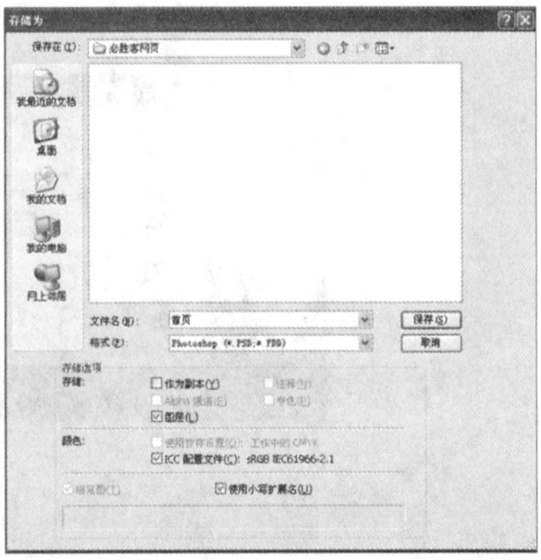

图 7.1.2

STEP2 新建图层，命名为“底色”，先填充一个底色，然后双击这个图层，在“图层样式”中选择“渐变叠加”，在渐变里选择“渐变颜色”，在渐变编辑器的选择色标颜色里输入“1f0d02”“5a300e”“1f0d02”（从左往右），选择“确定”，如图 7.1.3 所示，完成后效果如图 7.1.4 所示。

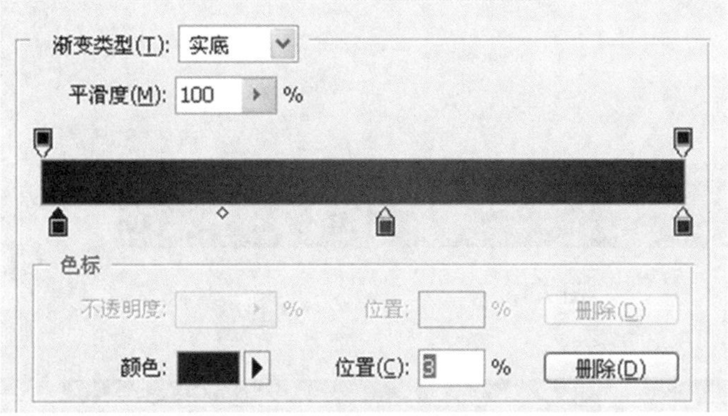

图 7.1.3

图 7.1.4

STEP3 在图层里新建组，命名为“木板装饰”，在组里新建图层，命名为“木 1”，选择“木 1”图层，使用“钢笔工具”绘制一条封闭路径，路径绘制完成后可使用“转换点工具”和“直接选择工具”对各锚点进行修改，直至达到自己满意的效果。设置前景色颜色值为“#c27910”，填充完成后如图 7.1.5 所示。复制“木 1”图层两个，分别为“木 1 副本”“木 1 副本 1”，添加“渐变叠加”样式，渐变颜色值分别为“#e0ab64”“#724708”，选择“确定”，完成后如图 7.1.6、图 7.1.7 所示。

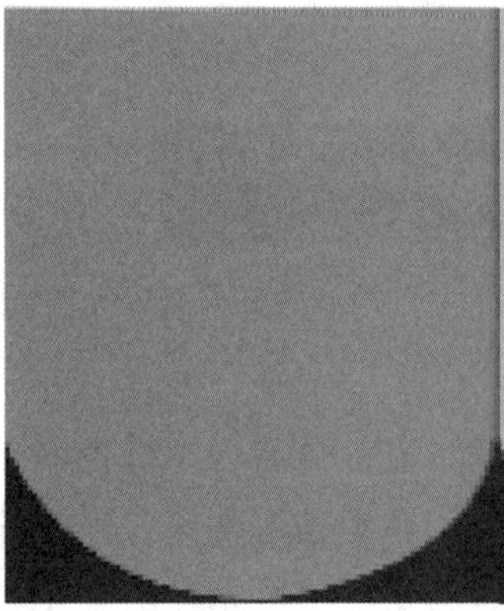

图 7.1.5

图 7.1.6

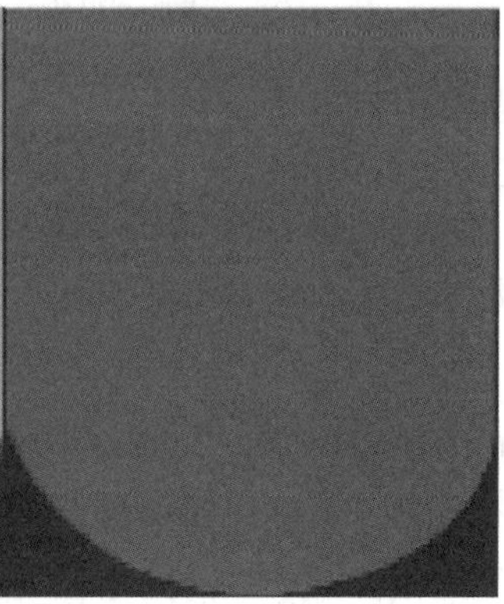

图 7.1.7

STEP4 选择“木 1”图层，按住“Shift”键，再选择“木 1 副本 1”，按右键选择“复制图层”，如图 7.1.8 所示。复制四次，然后选择“木 1”图层，按住“Shift”键，再选择“木 1 副本 1”按右键选择“合并图层”，命名为“木板装饰”，如图 7.1.9 所示。在“图层”面板中单击“图层样式”按钮，为“木板装饰”图层添加“斜面和浮雕”与“描边”样式，设置不透明度分别为 75% 和 100%，分别如图 7.1.10 和图 7.1.11 所示，完成后效果如图 7.1.12 所示。

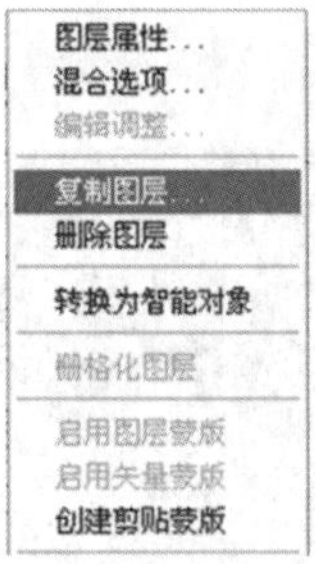

图 7.1.8

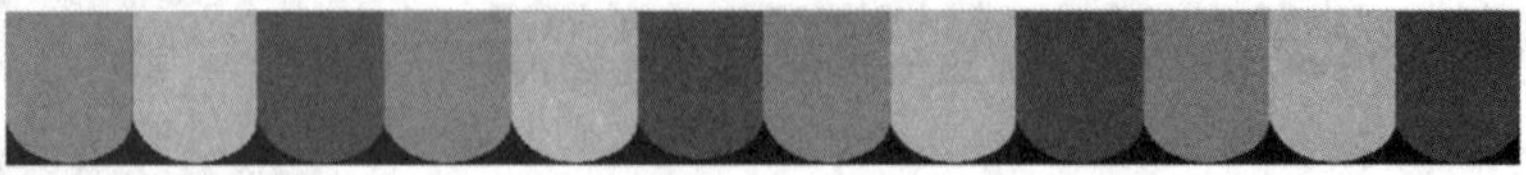

图 7.1.9

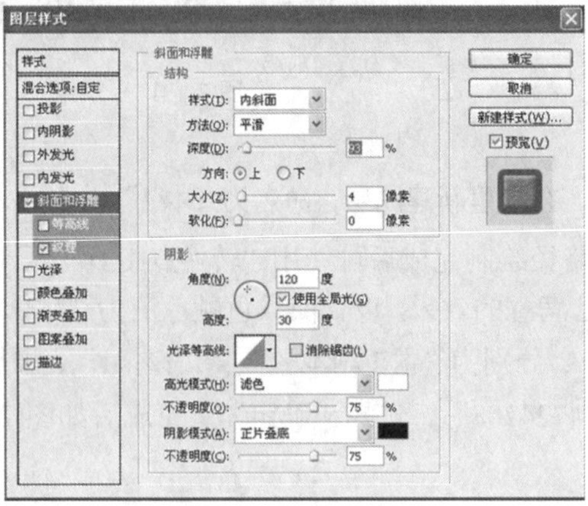

图 7.1.10

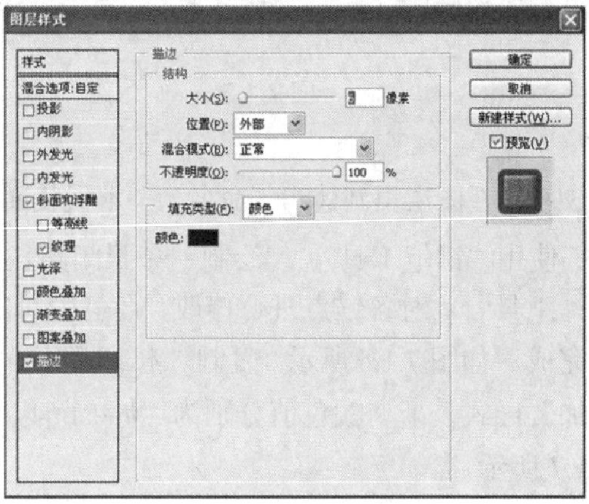

图 7.1.11

图 7.1.12

STEP5 单击“图层”面板中的“创建新图层”按钮，新建图层，命名为“棕色横条”，选择工具栏中的“矩形选框工具”，在“棕色横条”图层中绘制一个矩形选区，设置前景色颜色值为“#2b1603”，如图 7.1.13 所示。按“Alt+Delete”组合键为背景层填充颜色，按“Ctrl+D”组合键取消选区，如图 7.1.15 所示。再选择“矩形选框工具”，在“棕色横条”图层中再绘制一个矩形选区，设置前景色颜色值为“#4b321a”，如图 7.1.14 所示，按“Alt+Delete”组合键为背景层填充颜色，按“Ctrl+D”组合键取消选区，如图 7.1.16 所示。

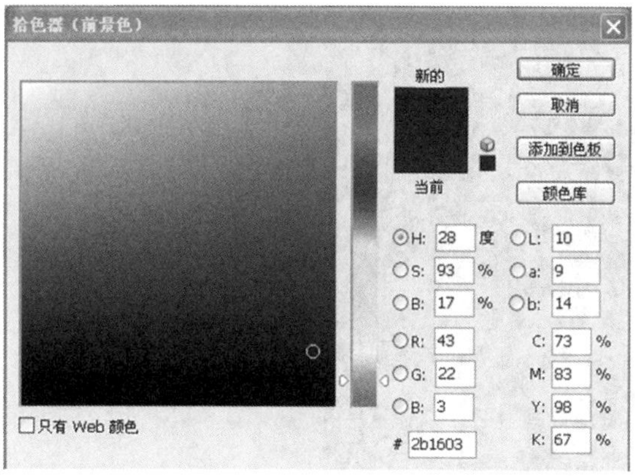

图 7.1.13

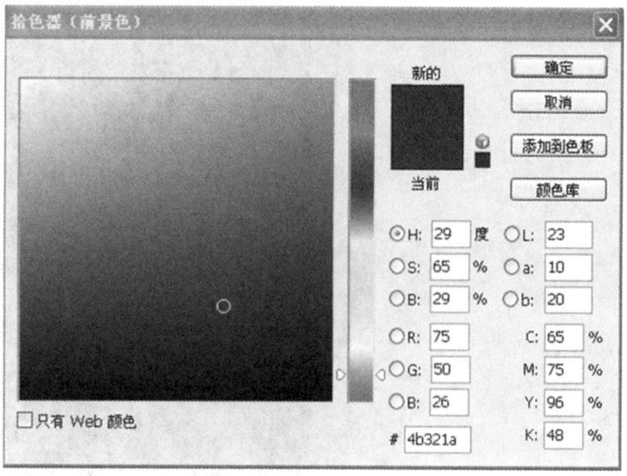

图 7.1.14

图 7.1.15

图 7.1.16

STEP6 双击“图层 1”，在“图层样式”中选择“斜面和浮雕”与“纹理”，设置不透明度为 75%，分别如图 7.1.17、图 7.1.18 所示，按“确定”，完成后效果如图 7.1.19 所示。

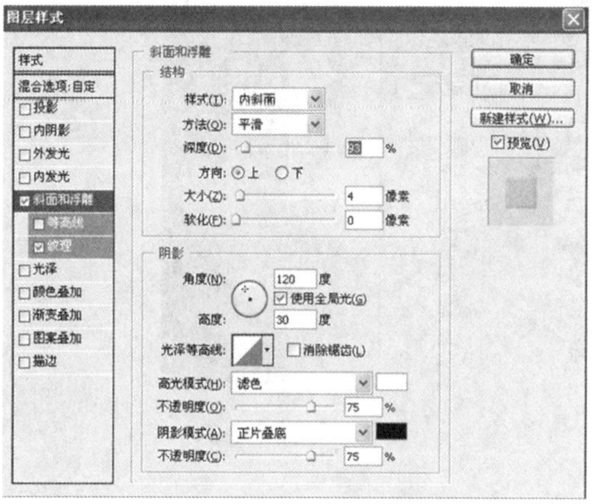

图 7.1.17

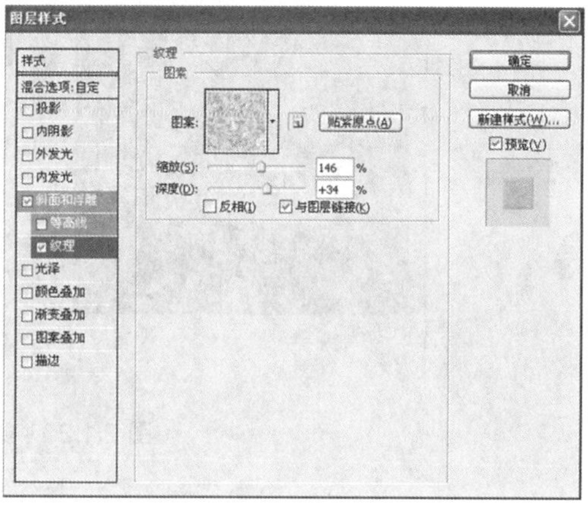

图 7.1.18

图 7.1.19

STEP7 单击“图层”面板中的“创建新图层”按钮，新建图层，命名为“导航条”，设置前景色颜色值为“#bf8f4f”，如图 7.1.20 所示。选择工具栏中的“钢笔工具”，在图层中绘制圆环路径，调好形状，按“Ctrl+Enter”组合键挑出其选区，按“Alt+Delete”组合键在选区内填充颜色，按“Ctrl+D”组合键取消选区，效果如图 7.1.21 所示。

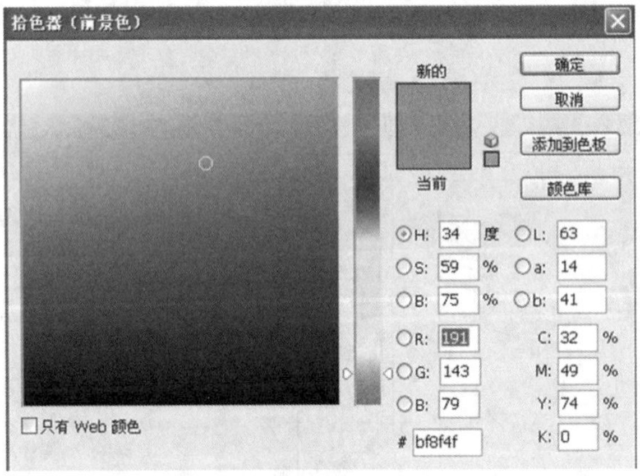

图 7.1.20

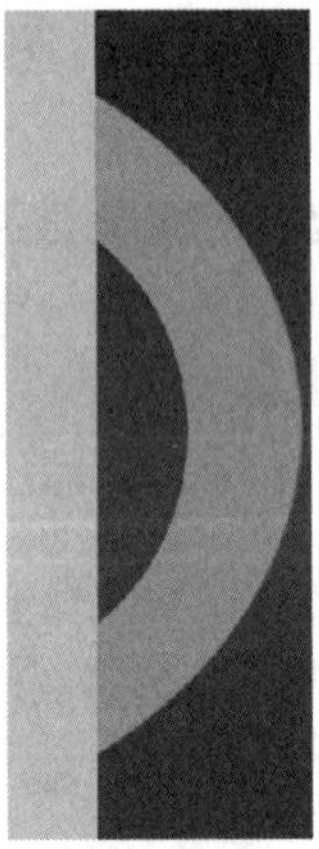

图 7.1.21

STEP8 单击“图层”面板中的“创建新图层”按钮，新建图层，命名为“导航箭头”，设置前景色为“白色”，选择工具栏中的“自定义形状工具”，在形状中选择“❯”，如图 7.1.22 所示。按住“Shift”键，在图层中拉出形状，右键单击“导航箭头”图层，选择“栅格化图层”，如图 7.1.23 所示。按“Ctrl+T”组合键调整大小，大小确定后按“Enter”键，完成后效果如图 7.1.24 所示。

图 7.1.22

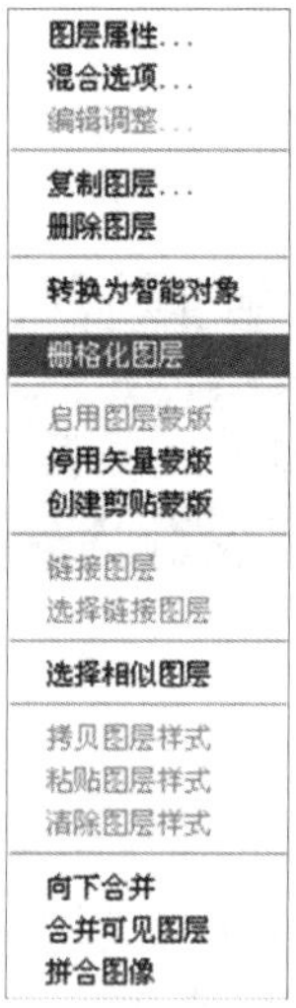

图 7.1.23

图 7.1.24

STEP9 右键单击“导航箭头”图层，选择“复制图层”，如图 7.1.25 所示。

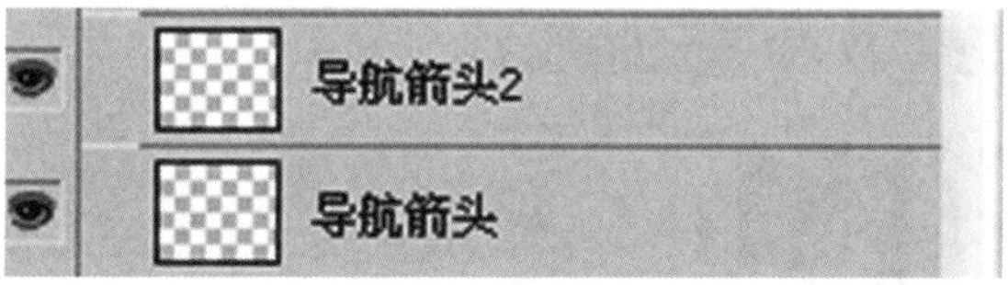

图 7.1.25

STEP10 单击“图层”面板中的“创建新图层”按钮，新建图层，命名为“导航分割线 1”，设置前景色颜色值为“#666565”，如图 7.1.26 所示。选择工具栏中的“矩形选框工具”，在图层中绘制矩形长条，按“Alt+Delete”组合键为背景层填充颜色，按“Ctrl+D”组合键取消选区，如图 7.1.27 所示。右键单击“导航分割线 1”图层，选择“复制图层”，复制四次，完成后效果如图 7.1.28 所示。

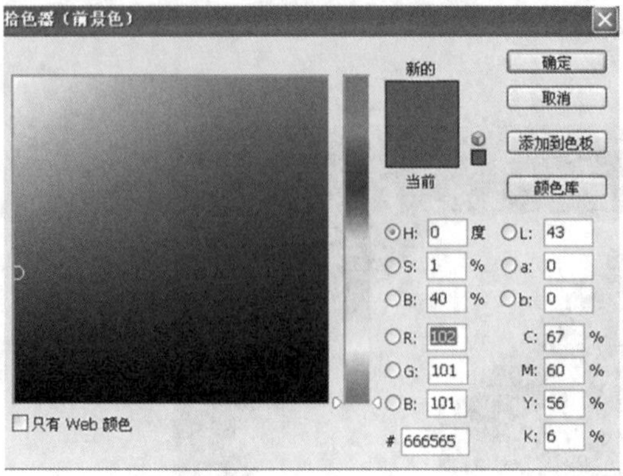

图 7.1.26

图 7.1.27

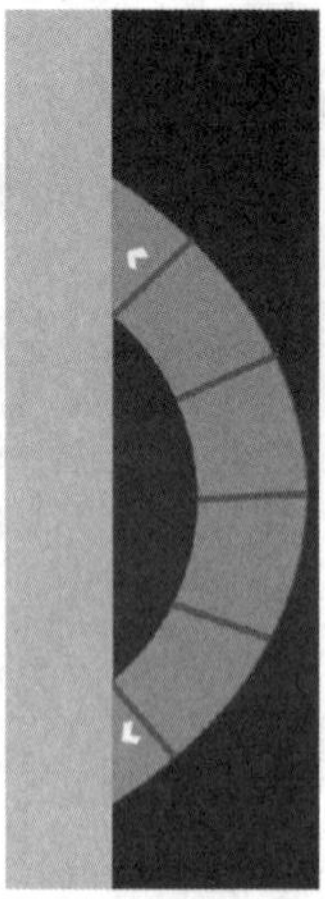

图 7.1.28

STEP11 单击“图层”面板中的“创建新图层”按钮，新建图层，命名为“导航分割线 2”，设置前景色颜色值为“#251103”，如图 7.1.29 所示。选择工具栏中的“矩形选框工具”，在图层中绘制矩形长条，按“Alt+Delete”组合键为背景层填充颜色，按“Ctrl+D”组合键取消选区，如图 7.1.30 所示。右键单击“导航分割线 2”图层，选择“复制图层”，复制四次，完成后效果如图 7.1.31 所示。

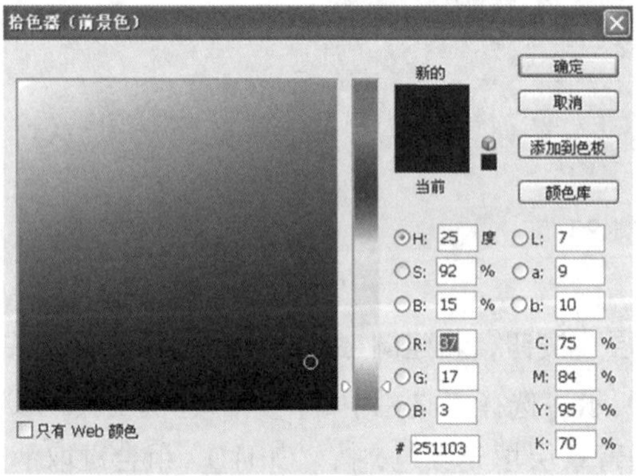

图 7.1.29

图 7.1.30

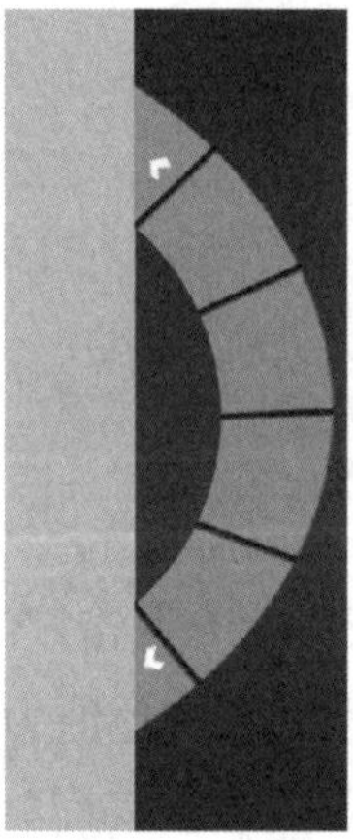

图 7.1.31

STEP12 单击“图层”面板中的“创建新图层”按钮，新建图层，命名为“导航分割块”，设置前景色为“白色”，选择工具栏中的“钢笔工具”，调成适当的形状，按“Ctrl+Enter”组合键挑出其选区，按“Alt+Delete”组合键在选区内填充颜色，按“Ctrl+D”组合键取消选区，效果如图 7.1.32 所示。

STEP13 选择工具栏中的“横排文字工具” T，设置字体为“黑体”，字体大小为“30 点”，颜色为“黑色”，如图 7.1.33 所示。单击画面输入“首页”，设置字体颜色值为“#8E5406”，如图 7.1.34 所示。单击画面输入文字“品牌介绍”“产品系列”“联系我们”，完成后效果如图 7.1.35 所示。

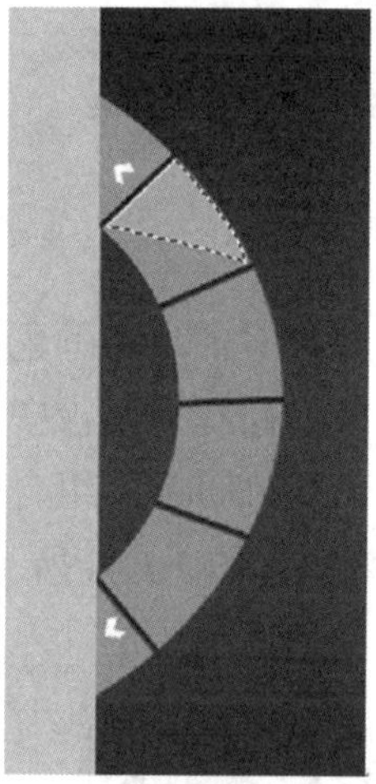

图 7.1.32

图 7.1.33

图 7.1.34

图 7.1.35

STEP14 选择工具栏中的“横排文字工具” T，设置字体为“黑体”，字体大小为“20 点”，颜色值为“#624413”，如图 7.1.36 所示。单击画面输入“地址：广州市白云区京溪路 110 号”“电话：020-48346272”“网址：www.pizzahut.com.cn”，效果如图 7.1.37 所示。

图 7.1.36

图 7.1.37

STEP15 单击“图层”面板中的“创建新图层”按钮，新建“图层 2”，选择工具栏中的“圆角矩形工具”，设置为“路径”模式，半径为“10px”，如图 7.1.38 所示。

图 7.1.38

STEP16 设置前景色颜色值为“#7a461c”，如图 7.1.39 所示。在“图层 2”中绘制一个长方形路径，在“路径”面板中单击“将路径作为选区载入”按钮，将路径变为选区，如图 7.1.40 所示。按“Alt+Delete”组合键在选区内填充颜色，按“Ctrl+D”组合键取消选区，效果如图 7.1.41 所示。

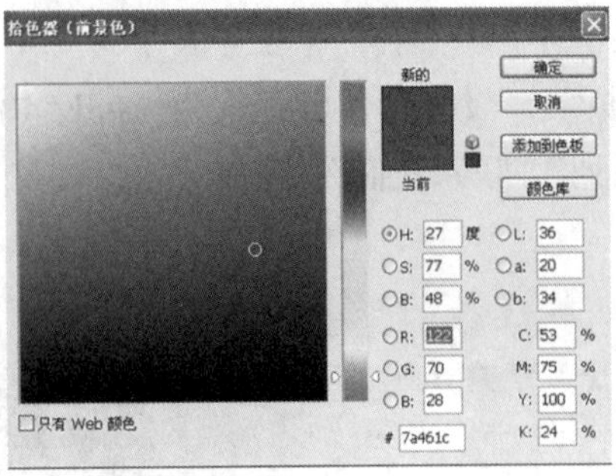

图 7.1.39

图 7.1.40

图 7.1.41

STEP17 单击“图层”面板中的“创建新图层”按钮，新建“图层 3”，设置前景色颜色值为“#c89353”，如图 7.1.42 所示。在“图层 3”中绘制一个长方形路径， 在“路径”面板中单击“将路径作为选区载入”按钮，将路径变为选区，如图 7.1.43 所示。按“Alt+Delete”组合键在选区内填充颜色，按“Ctrl+D”组合键取消选区，设置不透明度为 76%，效果如图 7.1.44 所示。

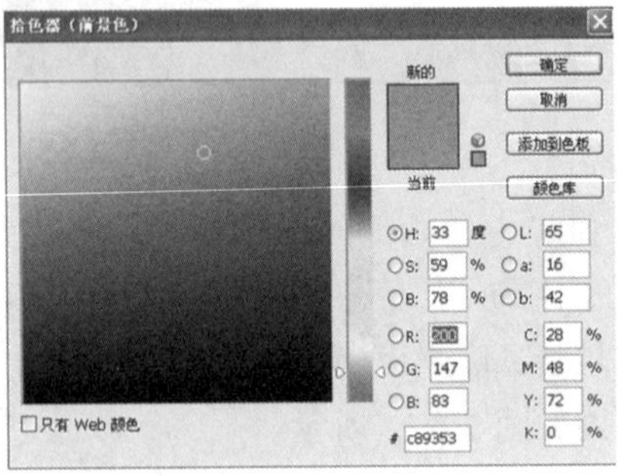

图 7.1.42

图 7.1.43

图 7.1.44

STEP18 单击“图层”面板中的“创建新图层”按钮，新建“图层 4”，选择“文件”—“打开”命令，打开“必胜客比萨素材库 / 比萨 1.jpg”文件，将其拖进“图层 4”中，效果如图 7.1.45 所示。

STEP19 单击“图层”面板中的“创建新图层”按钮，新建“图层 5”，设置前景色颜色值为“#251103”，如图 7.1.46 所示。选择工具栏中的“椭圆选框工具”，在图像中按住“Shift”键绘制圆形选区，按“Alt+Delete”组合键在选区内填充颜色，按“Ctrl+D”组合键取消选区，设置不透明度为 87%，效果如图 7.1.47 所示。

图 7.1.45

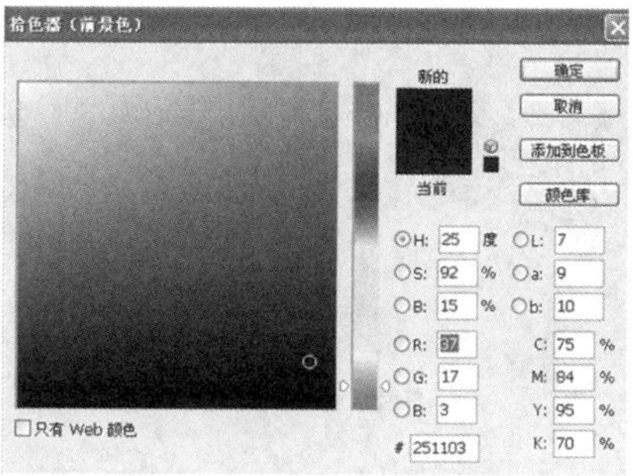

图 7.1.46

图 7.1.47

STEP20 设置前景色为“白色”，右键单击“图层 5”，选择“复制图层”，复制两个图层分别为“图层 5 副本”“图层 5 副本 1”，按住“Ctrl”键单击“图层 5”挑出其选区，按“Alt+Delete”组合键在其选区内填充颜色，设置不透明度为 50%，效果如图 7.1.48 所示。

STEP21 单击“图层”面板中的“创建新图层”按钮，新建“图层 6”，并命名为“LOGO”，选择“文件”—“打开”命令，打开“必胜客比萨素材库 / 比萨 LOGO.jpg”文件，如图 7.1.49 所示，将其拖进“LOGO”图层。

图 7.1.48

图 7.1.49

STEP22 单击“图层”面板中的“创建新图层”按钮，新建“图层 7”，并重命名为“LOGO”，选择“文件”—“打开”命令，打开“必胜客比萨素材库 / 比萨标语 .jpg”文件，将其拖进“图层 7”，效果如图 7.1.50 所示。

图 7.1.50

STEP23 必胜客首页制作完成，按“Ctrl+S”组合键保存。

7.2 “品牌介绍”二级页面制作

最终效果图

STEP1~STEP14 操作步骤参照 7.1 章节的 STEP1~STEP14。

STEP15 单击“图层”面板中的“创建新图层”按钮，新建图层，命名为“底色 1”，设置前景色颜色值为“#f8e0bf”，如图 7.2.1 所示。选择工具栏中的“矩形选框工具” ，在图层中绘制矩形长条，按“Alt+Delete”组合键为背景层填充颜色，按“Ctrl+D”组合键取消选区，设置不透明度为 27%，效果如图 7.2.2 所示。

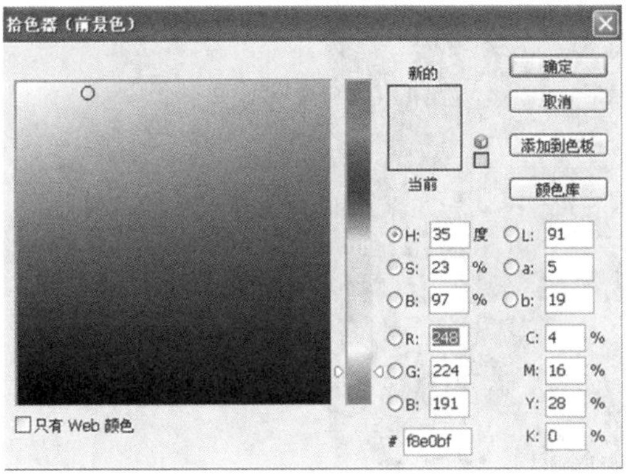

图 7.2.1

图 7.2.2

STEP16 单击“图层”面板中的“创建新图层”按钮，新建图层，命名为“品牌底色”，设置前景色颜色值为“#422109”，如图 7.2.3 所示。选择工具栏中的“圆角矩形工具”，设置为“路径”模式，半径为“15px”，在图层中绘制矩形路径，在“路径”面板中单击“将路径作为选区载入”按钮，将路径变为选区，按“Alt+Delete”组合键为背景层填充颜色，按“Ctrl+D”组合键取消选区，设置不透明度为 27%，效果如图 7.2.4 所示。

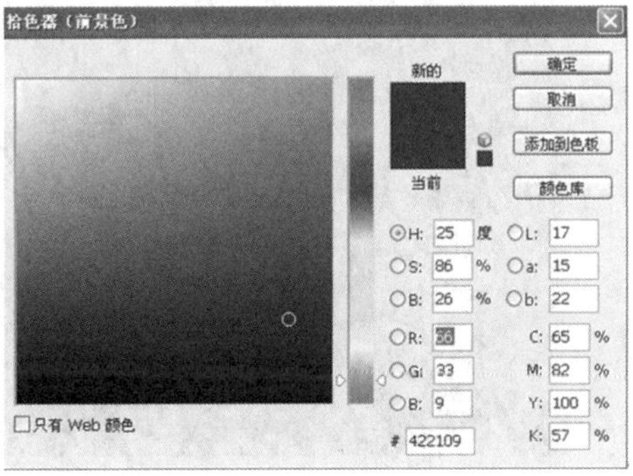

图 7.2.3

图 7.2.4

STEP17 选择工具栏中的“横排文字工具” T，设置字体为“黑体”，字体大小为“22 点”，颜色为“白色”，如图 7.2.5 所示。单击画面输入“品牌介绍”，效果如图 7.2.6 所示。

图 7.2.5

图 7.2.6

STEP18 单击“图层”面板中的“创建新图层”按钮，新建图层，命名为“底色 2”，设置前景色颜色值为“#7f5625”，如图 7.2.7 所示。选择工具栏中的“矩形选框工具”，在图层中绘制矩形长条，按“Alt+Delete”组合键为背景层填充颜色，按“Ctrl+D”组合键取消选区，效果如图 7.2.8 所示。

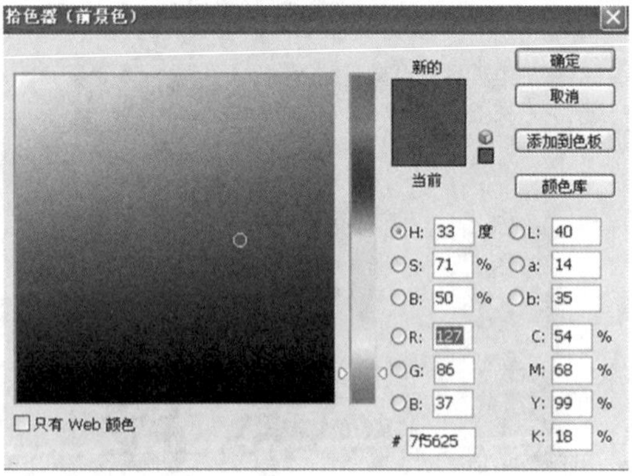

图 7.2.7

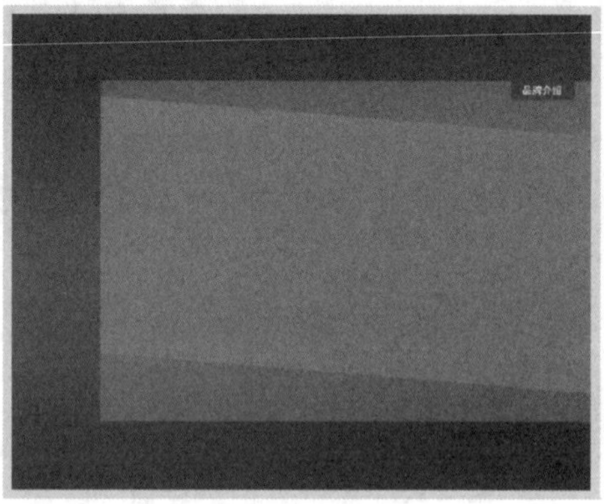

图 7.2.8

STEP19 选择工具栏中的“横排文字工具”，设置字体为“仿宋_GB2312”，字体大小为“20 点”，颜色为“白色”，如图 7.2.9 所示。单击画面输入文字，效果如图 7.2.10 所示。

图 7.2.9

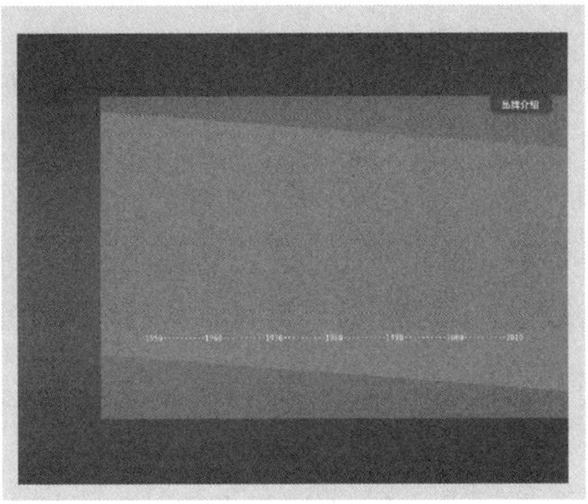

图 7.2.10

STEP20 单击“图层”面板中的“创建新图层”按钮，新建图层，选择“文件”—“打开”命令，打开“必胜客比萨素材库”，依次把“比萨 2.jpg”“比萨 3.jpg”文件（如图 7.2.11、图 7.2.12 所示）拖进图 7.2.10 所示界面，效果如图 7.2.13 所示。

图 7.2.11

图 7.2.12

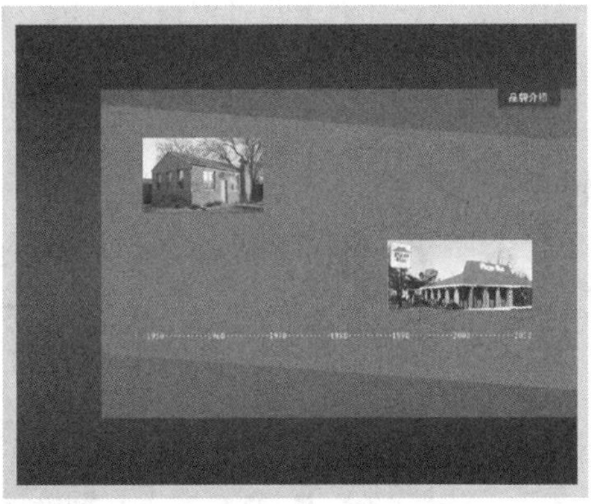

图 7.2.13

STEP21 选择工具栏中的“横排文字工具”，设置字体为“宋体”，字体大小为“18 点”，颜色为“白色”，如图 7.2.14 所示。单击画面输入文字，效果如图 7.2.15 所示。

STEP22 单击“图层”面板中的“创建新图层”按钮，新建图层，命名为“三角符号”，设置前景色颜色值为“#eec163”，选择工具栏中的“自定义形状工具”，在形状中选择“▼”，如图 7.2.16 所示。按住“Shift”键，在图层中拉出形状，右键单击“三角符号”图层，选择“栅格化图层”，按“Ctrl+T”组合键调整大小，大小确定后按“Enter”键，完成后效果如图 7.2.17 所示。

图 7.2.14

图 7.2.16

图 7.2.15

图 7.2.17

STEP23 单击“图层”面板中的“创建新图层”按钮，新建图层，命名为“二级导航边框”，设置前景色颜色值为“#402109”，如图 7.2.18 所示。选择工具栏中的“矩形选框工具”，在图层中绘制矩形长条，按“Alt+Delete”组合键为背景层填充颜色，按“Ctrl+D”组合键取消选区，效果如图 7.2.19 所示。

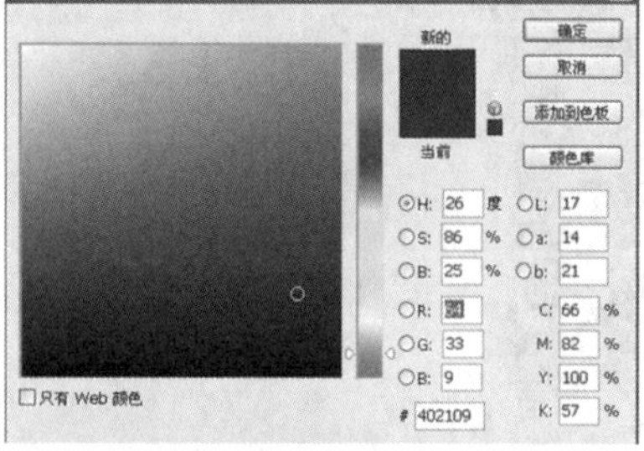

图 7.2.18

图 7.2.19

STEP24 右键单击“三角符号”图层，选择“复制图层”，依次复制四个，摆放好位置，再按右键，选择“合并图层”，重命名为“二级导航条”，如图 7.2.20 所示。将“二级导航条”图层依次复制两个，效果如图 7.2.21 所示。

图 7.2.20

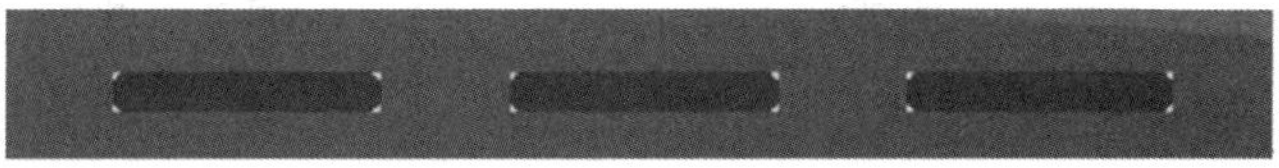

图 7.2.21

STEP25 单击“图层”面板中的“创建新图层”按钮，新建图层，命名为“导航 2 箭头”，设置前景色颜色值为“#eec163”，如图 7.2.22 所示。选择工具栏中的“自定义形状工具”，在形状中选择“❯”，如图 7.2.23 所示。按住“Shift”键，在图层中拉出形状，右键单击“导航 2 箭头”图层，选择“栅格化图层”，如图 7.2.24 所示。按“Ctrl+T”组合键调整大小，大小确定后按“Enter”键，完成后效果如图 7.2.25 所示。

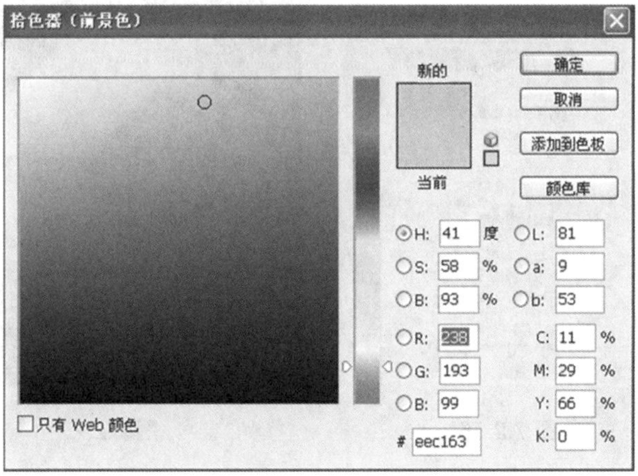

图 7.2.22

图 7.2.23

图 7.2.24

图 7.2.25

STEP26 单击“图层”面板中的“创建新图层”按钮，新建图层，命名为“导航 2 箭头副本”，设置前景色为“白色”，选择工具栏中的“自定义形状工具”，在形状中选择“❯”，按住“Shift”键，在图层中拉出形状，右键单击“导航 2 箭头副本”图层，选择“栅格化图层”，如图 7.2.26 所示。按“Ctrl+T”组合键调整大小，大小确定后按“Enter”键，再按右键，选择“复制图层”，完成后效果如图 7.2.27 所示。

图 7.2.26

图 7.2.27

STEP27 选择工具栏中的“横排文字工具”T，设置字体为“宋体”，字体大小为“18 点”，颜色为“白色”。单击画面输入“必胜客大事记”“必胜客在中国”“必胜客全记录”，再将文字“必胜客大事记”字体颜色值设置为“#eec163”，最终效果如图 7.2.28 所示。

STEP28 单击“图层”面板中的“创建新图层”按钮，新建图层，命名为“LOGO”，选择“文件”—“打开”命令，打开“必胜客比萨素材库 / 比萨 LOGO.jpg”文件，将其拖进“LOGO”图层中，最终效果如图 7.2.29 所示。

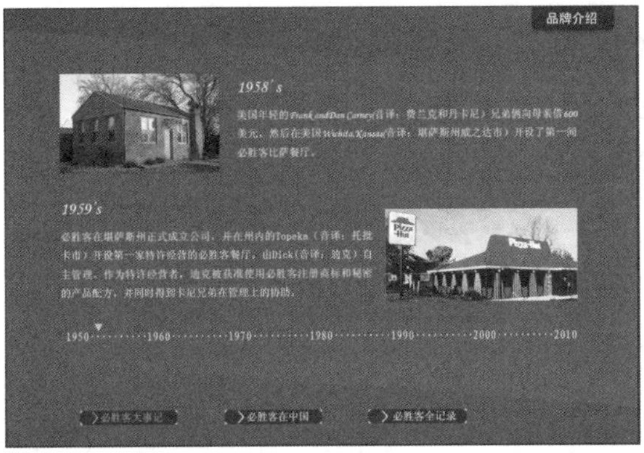

图 7.2.28

图 7.2.29

STEP29 必胜客“品牌介绍”二级页面制作完成，按“Ctrl+S”组合键保存。

7.3 “产品系列”二级页面制作

最终效果图

STEP1~STEP14 操作步骤参照 7.1 章节的 STEP1~STEP14。

STEP15 单击“图层”面板中的“创建新图层”按钮，新建图层，命名为“黄底色”，选择工具栏中的“矩形选框工具”，在图层中绘制矩形长条，先填充一个黄色为底色，双击“黄底色”

图层，在“图层样式”中选择“渐变叠加”，在渐变里选择“渐变颜色”，在渐变编辑器的选择色标颜色里输入“ff7200”“b85f09”“1ff6d0”（从左往右），选择“确定”，如图 7.3.1 所示，完成后效果如图 7.3.2 所示。

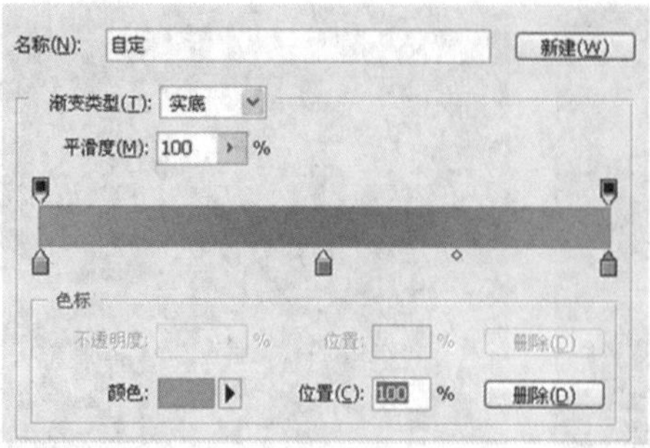

图 7.3.1

图 7.3.2

STEP16 单击“图层”面板中的“创建新图层”按钮，新建图层，命名为“底色纹 1”，设置前景色颜色值为“#502f06”，如图 7.3.3 所示。选择工具栏中的“矩形选框工具”，在图层中绘制矩形，按“Alt+Delete”组合键为背景层填充颜色，按“Ctrl+D”组合键取消选区，如图 7.3.4 所示。

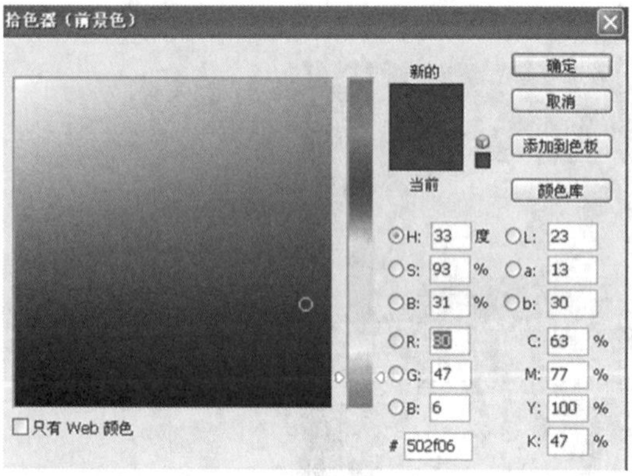

图 7.3.3

图 7.3.4

STEP17 双击“底色纹 1”图层，在“图层样式”中选择“斜面和浮雕”与“纹理”，如图 7.3.5、图 7.3.6 所示。设置不透明度为 75%，最终效果如图 7.3.7 所示。

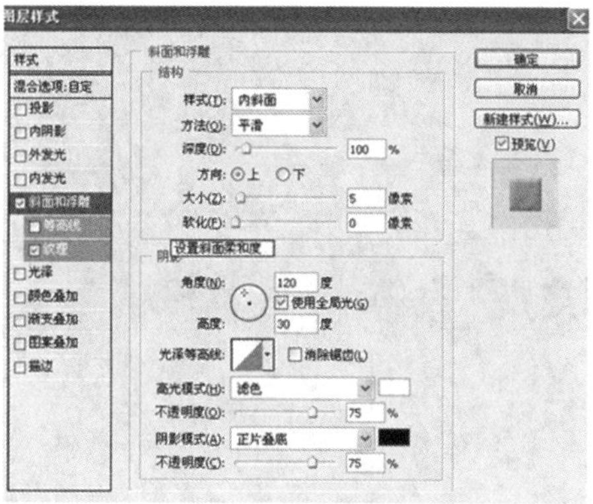

图 7.3.5

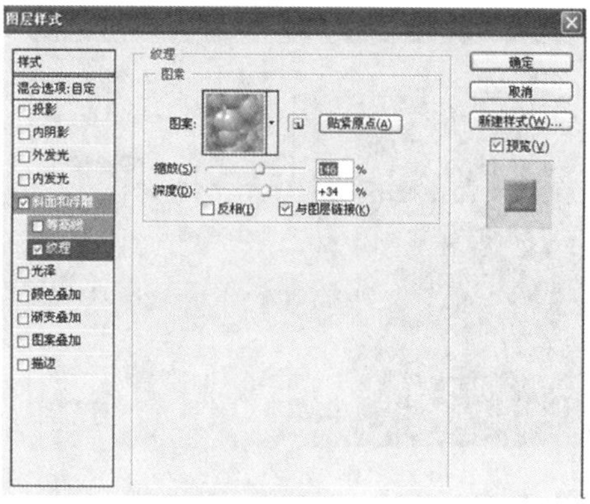

图 7.3.6

图 7.3.7

STEP18 右键单击“底色纹 1”图层，选择“复制图层”，复制三个图层分别为“底色纹 1 副本”“底色纹 1 副本 1”“底色纹 1 副本 2”，然后依次填充前景色，颜色值分别为“#ba691b”“#8e5914”“#eaba89”，如图 7.3.8、图 7.3.9、图 7.3.10 所示。设置不透明度为 48%，最终效果如图 7.3.11、图 7.3.12、图 7.3.13 所示。

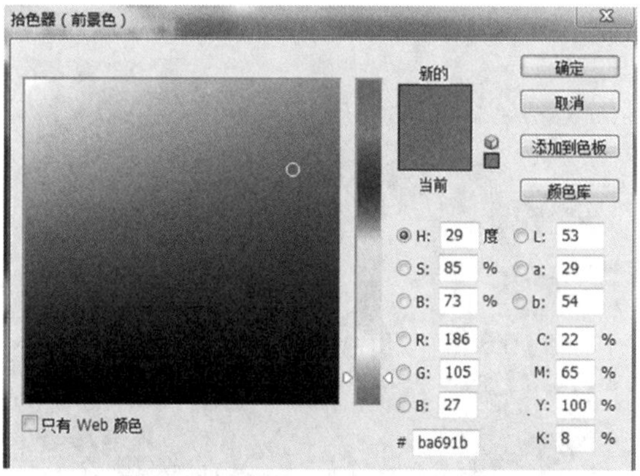

图 7.3.8

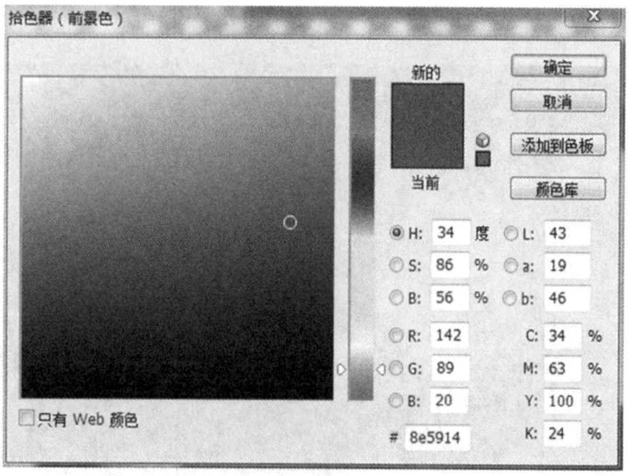

图 7.3.9

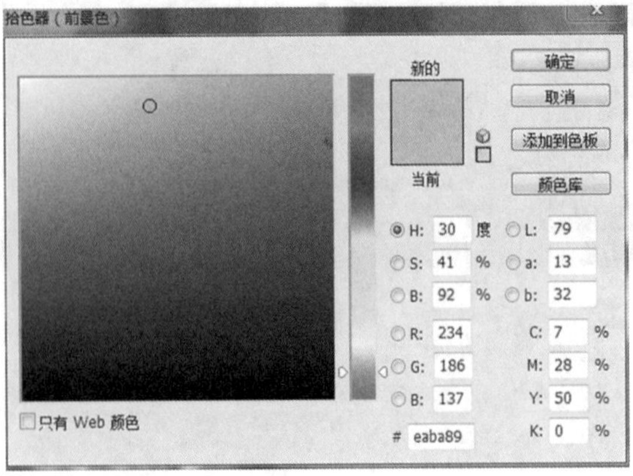

图 7.3.10

图 7.3.11

图 7.3.12

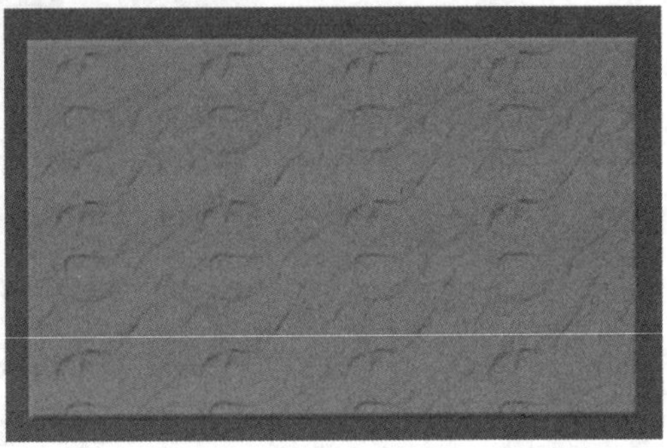

图 7.3.13

STEP19 单击“图层”面板中的“创建新图层”按钮，新建图层，选择“文件”—“打开”命令，打开“必胜客比萨素材库”，依次把“比萨 1.jpg”“比萨 4.jpg”“比萨 5.jpg”“比萨 6.jpg”文件（如图 7.3.14、图 7.3.15、图 7.3.16、图 7.3.17 所示）拖进新建的图层中，最终效果如图 7.3.18 所示。

图 7.3.14

图 7.3.15

图 7.3.16

图 7.3.17

图 7.3.18

STEP20 单击“图层”面板中的“创建新图层”按钮，新建四个图层，分别命名为“西红柿”“蛋糕”“蒜头”“洋葱”。选择“文件”—“打开”命令，打开“必胜客比萨素材库”，依次把“西红柿.jpg”“蛋糕.jpg”“蒜头.jpg”“洋葱.jpg”文件（如图 7.3.19、图 7.3.20、图 7.3.21、图 7.3.22 所示）拖进图层对号入座，最终效果如图 7.3.23 所示。

图 7.3.19

图 7.3.20

图 7.3.21

图 7.3.22

图 7.3.23

STEP21 选择工具栏中的“横排文字工具”T，设置字体为“宋体”，字体大小为“27 点”，颜色值为“#eabb8a”，如图 7.3.24 所示。单击画面输入“超级至尊比萨”“加州风情香烤牛肉比萨”“田园风光比萨（纯珍）”“海鲜至尊比萨（芝心）”，如图 7.3.25 所示。

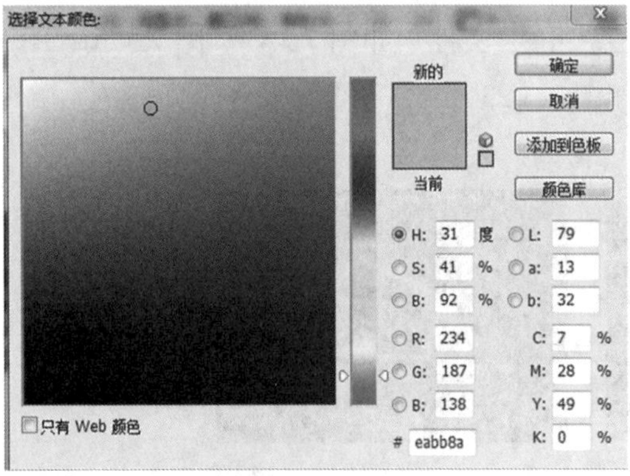

图 7.3.24

图 7.3.25

STEP22 单击“图层”面板中的“创建新图层”按钮，新建图层，命名为“LOGO”，选择“文件”—“打开”命令，打开“必胜客比萨素材库 / 比萨 LOGO.jpg”文件，将其拖进“LOGO”图层中，最终效果如图 7.3.26 所示。

图 7.3.26

STEP23 必胜客“产品系列”二级页面制作完成，按“Ctrl+S”组合键保存。

7.4 “联系我们”二级页面制作

最终效果图

STEP1~STEP14 操作步骤参照 7.1 章节的 STEP1~STEP14。

STEP15 单击“图层”面板中的“创建新图层”按钮，新建图层，命名为“底色 1”，设置前景色颜色值为“#201411”，如图 7.4.1 所示。选择工具栏中的“矩形选框工具”，在图层中绘制矩形，按“Alt+Delete”组合键为背景层填充颜色，按“Ctrl+D”组合键取消选区，如图 7.4.2 所示。

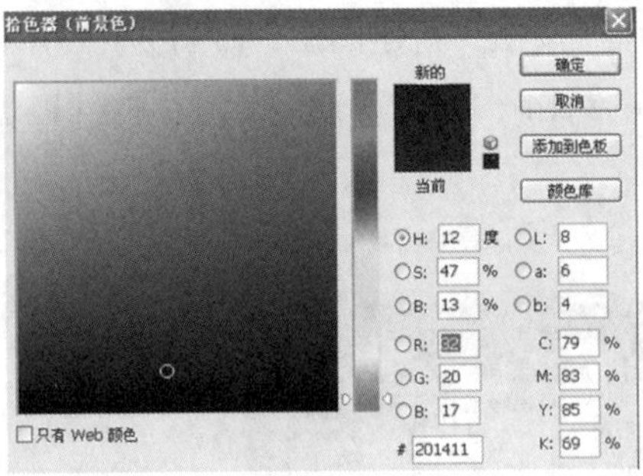

图 7.4.1

图 7.4.2

STEP16 单击“滤镜”，选择“素描”中的“水彩画纸”，如图 7.4.3 所示。点击进入“水彩画纸”调整数据，如图 7.4.4 所示，最终效果如图 7.4.5 所示。

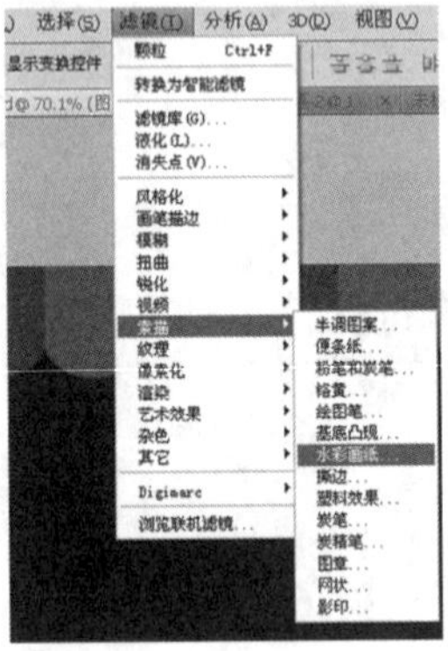

图 7.4.3

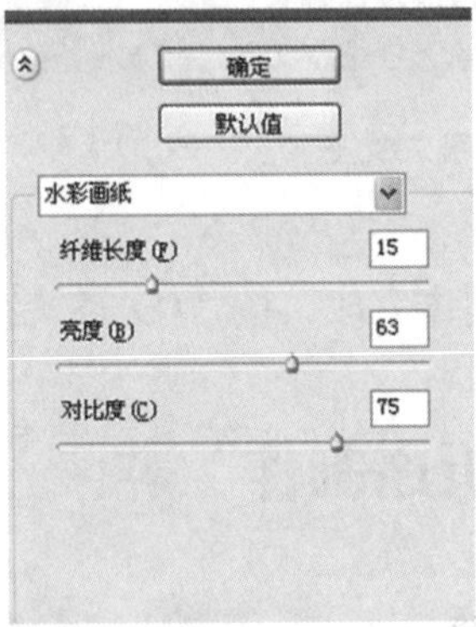

图 7.4.4

图 7.4.5

STEP17 单击“图层”面板中的“创建新图层”按钮，新建图层，命名为“底色 2”，设置前景色颜色值为“#9a835c”，如图 7.4.6 所示。选择工具栏中的“圆角矩形工具”▢，设置为“路径”模式，半径为“25px”，如图 7.4.8 所示。在图层中绘制矩形长条，按“Alt+Delete”组合键为背景层填充颜色，按“Ctrl+D”组合键取消选区，设置不透明度为 83%，效果如图 7.4.7 所示。

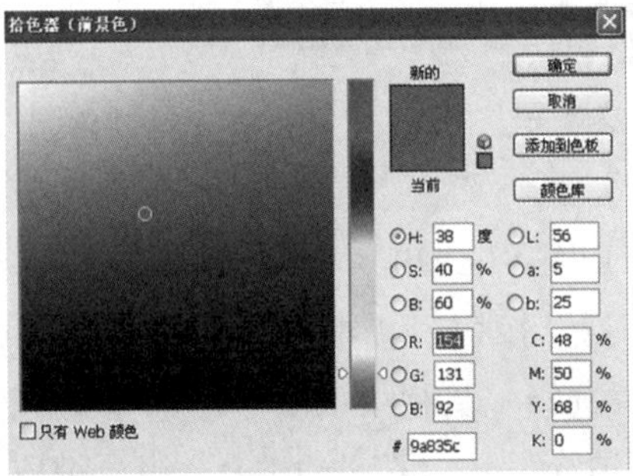

图 7.4.6

图 7.4.7

图 7.4.8

STEP18 单击“图层”面板中的“创建新图层”按钮，新建组并命名为“横线”，在“横线”组里新建“图层 4”，设置前景色颜色值为“#b2a36f”，如图 7.4.9 所示。选择工具栏中的“矩形选框工具”，在图层中绘制矩形长条，按“Alt+Delete”组合键为背景层填充颜色，按“Ctrl+D”组合键取消选区，效果如图 7.4.10 所示。

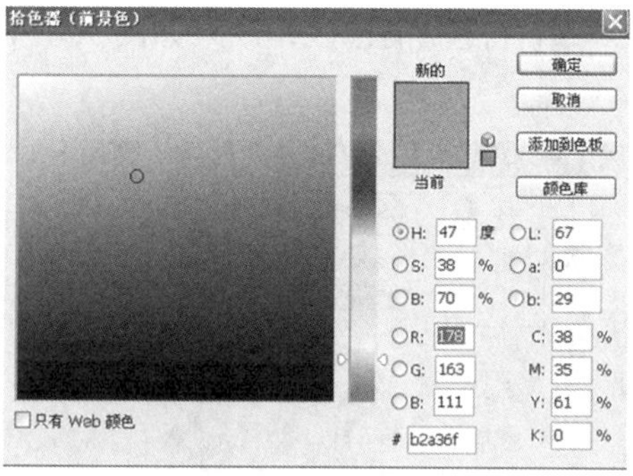

图 7.4.9

图 7.4.10

STEP19 右键单击“图层 4”，选择“复制图层”，复制 37 个，然后设置“横线”组不透明度为 19%，最终效果如图 7.4.11 所示。

图 7.4.11

STEP20 单击“图层”面板中的“创建新图层”按钮，新建图层，命名为“日记本”，选择工具栏中的“圆角矩形工具”，设置为“路径”模式，半径为“25px”，如图 7.4.12 所示。

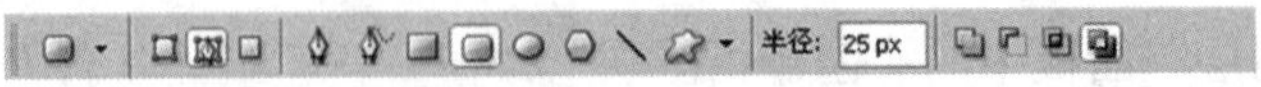

图 7.4.12

STEP21 设置前景色颜色值为“#fffadd”，如图 7.4.13 所示。在“日记本”图层中绘制一个长方形路径，在“路径”面板中单击“将路径作为选区载入”按钮，将路径变为选区，按“Alt+Delete”组合键填充颜色，按“Ctrl+D”组合键取消选区，效果如图 7.4.14 所示。

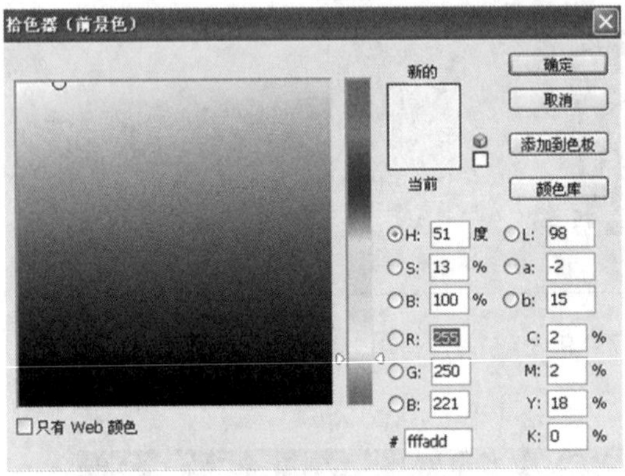

图 7.4.13

图 7.4.14

STEP22 使用工具栏中的“钢笔工具”，在“日记本”图层里进行绘制，按“Ctrl+T”组合键调节大小，最终效果如图 7.4.15 所示。双击“日记本”图层，在“图层样式”中选择“斜面和浮雕”，调整数据，如图 7.4.16 所示，最终效果如图 7.4.17 所示。

图 7.4.15

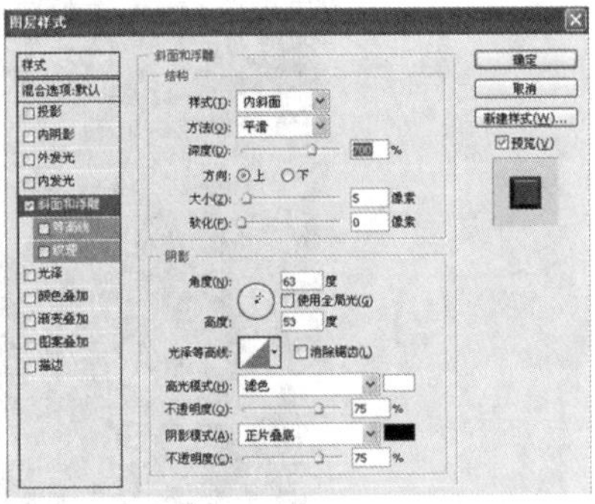

图 7.4.16

图 7.4.17

STEP23 单击“图层”面板中的“创建新图层”按钮，新建图层，命名为“比萨公仔”，选择“文件”—“打开”命令，打开“必胜客比萨素材库 / 比萨公仔 .jpg”文件，将其拖进“比萨公仔”图层，最终效果如图 7.4.18 所示。

STEP24 选择工具栏中的“横排文字工具”，设置字体为“黑体”，字体大小为“48 点”，字体颜色为“黑色”，单击画面输入“联系我们”，效果如图 7.4.19 所示。

图 7.4.18

图 7.4.19

STEP25 单击“图层”面板中的“创建新图层”按钮，新建图层，命名为“白底色”，设置前景色为“白色”，选择工具栏中的“矩形选框工具”，在图层中绘制矩形，按“Alt+Delete”组合键为背景层填充颜色，按“Ctrl+D”组合键取消选区，设置不透明度为 36%，按“Ctrl+T”组合键调整大小，大小确定后按“Enter”键，效果如图 7.4.20 所示。

STEP26 选择工具栏中的“横排文字工具”，设置字体为“黑体”，字体大小为“20 点”，颜色值为“#828282”，单击画面输入“工作时间：周一至周五（国定假期除外）上午 9：00 — 下午 18：00”，效果如图 7.4.21 所示。

图 7.4.20

图 7.4.21

STEP27 单击“图层”面板中的“创建新图层”按钮，新建图层，命名为“钉子”，设置前景色颜色值为“#45260e”，如图 7.4.22 所示。选择工具栏中的“自定义形状工具”，在形状中选择“ ”，如图 7.4.23 所示，按住“Shift”键，在图层中拉出形状，右键单击“钉子”图层，选择“栅格化图层”，如图 7.4.24 所示。按“Ctrl+T”组合键调整大小，大小确定后按“Enter”键，完成后效果如图 7.4.25 所示。

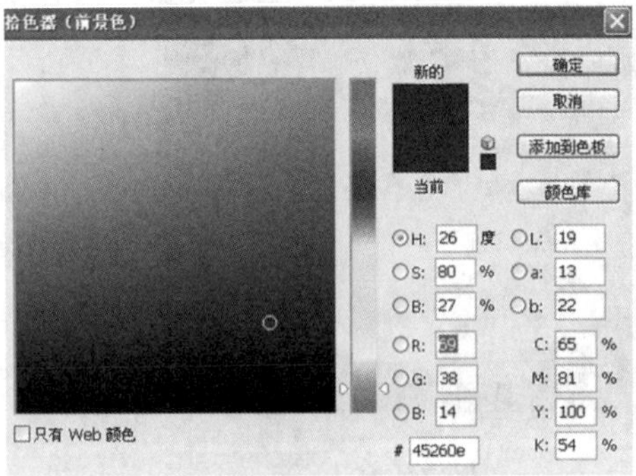

图 7.4.22

图 7.4.24

图 7.4.25

图 7.4.23

STEP28 选择工具栏中的“横排文字工具”T，设置字体为“黑体”，字体大小为“26 点”，颜色为“黑色”，单击画面输入文字，效果如图 7.4.26 所示。

STEP29 单击“图层”面板中的“创建新图层”按钮，新建图层，命名为“LOGO”，选择“文件”—“打开”命令，打开“必胜客比萨素材库 / 比萨 LOGO.jpg”文件，将其拖进“LOGO”图层中，最终效果如图 7.4.27 所示。

图 7.4.26

图 7.4.27

STEP30 单击“图层”面板中的“创建新图层”按钮，新建图层，命名为“二级导航边框”，设置前景色颜色值为“#402109”，如图 7.4.28 所示。选择工具栏中的“矩形选框工具”，在图层中绘制矩形长条，按“Alt+Delete”组合键为背景层填充颜色，按“Ctrl+D“组合键取消选区，效果如图 7.4.29 所示。

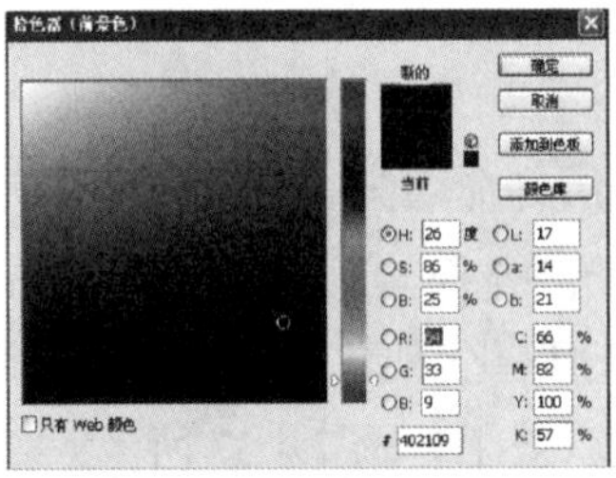

图 7.4.28

图 7.4.29

STEP31 右键单击“三角符号”图层，选择“复制图层”，依次复制四个，摆放好位置，再按右键，选择“合并图层”，重命名为“二级导航条”，如图 7.4.30 所示。将“二级导航条”图层复制一个，效果如图 7.4.31 所示。

图 7.4.30

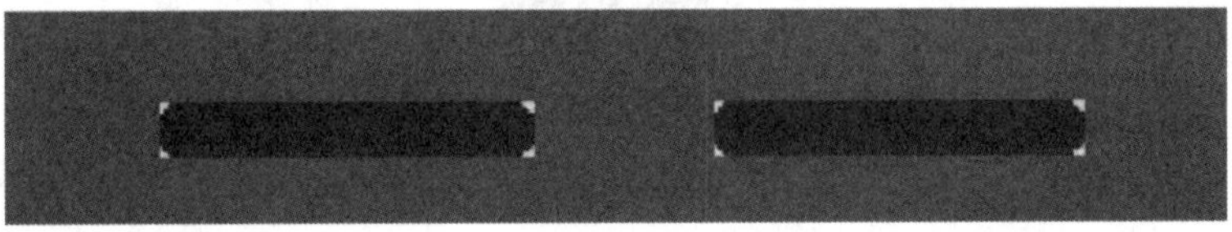

图 7.4.31

STEP32 单击“图层”面板中的“创建新图层”按钮，新建图层，命名为“导航 2 箭头”，设置前景色颜色值为“#eec163”，如图 7.4.32 所示。选择工具栏中的“自定义形状工具”，在形状中选择“❯”，如图 7.4.33 所示，按住“Shift”键，在图层中拉出形状，右键单击“导航 2 箭头”图层，选择“栅格化图层”，如图 7.4.34 所示。按“Ctrl+T”组合键调整大小，大小确定后按“Enter”键，完成后效果如图 7.4.35 所示。

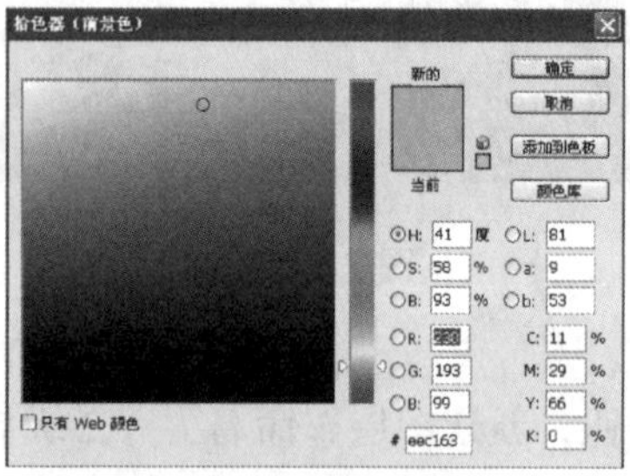

图 7.4.32

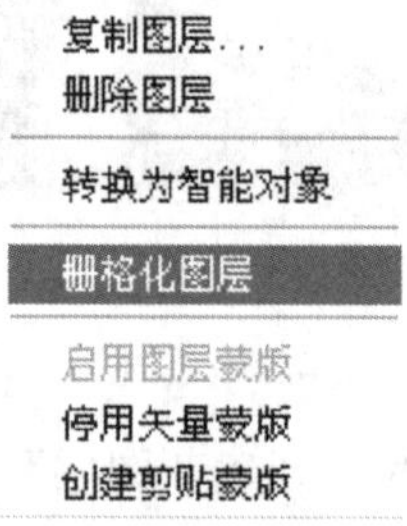

图 7.4.34

图 7.4.35

图 7.4.33

STEP33 单击“图层”面板中的“创建新图层”按钮，新建图层并命名为“导航 2 箭头副本”，设置前景色为“白色”，选择工具栏中的“自定义形状工具”，在形状中选择“❯”，按住“Shift”键，在图层中拉出形状，右键单击“导航 2 箭头副本”图层，选择“栅格化图层”，如图 7.4.36 所示。按“Ctrl+T”组合键调整大小，大小确定后按“Enter”键，完成后效果如图 7.4.37 所示。

STEP34 选择工具栏中的“横排文字工具”T，设置字体为“黑体”，字体大小为“14 点”，颜色为“白色”，单击画面输入文字，最终效果如图 7.4.38 所示。

图 7.4.36

图 7.4.37

图 7.4.38

STEP35 必胜客“联系我们”二级页面制作完成，按“Ctrl+S”组合键保存。

8 马卡龙品牌网页美工设计之二

8.1 马卡龙首页制作

最终效果图

STEP1 打开 Photoshop CS4，在 Photoshop CS4 中新建一个“宽度”和“高度”分别为 1280 像素和 1024 像素，“分辨率”为 72 像素 / 英寸的白色背景文档，确定后将文档储存为 Photoshop 格式，命名为“马卡龙首页”，如图 8.1.1 所示。

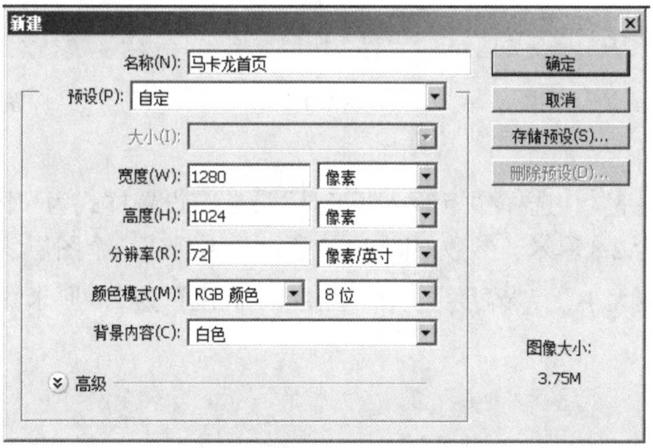

图 8.1.1

STEP2 新建“图层 1”，设置前景色颜色值为“#fed3e4”，如图 8.1.2 所示。确定后按“Alt+Delete”组合键填充颜色，按“Ctrl+R”组合键显示标尺，横向标尺为 3cm、12cm、35cm、47cm，纵向标尺为 3.5cm、5cm、11cm、33cm，如图 8.1.3 所示。

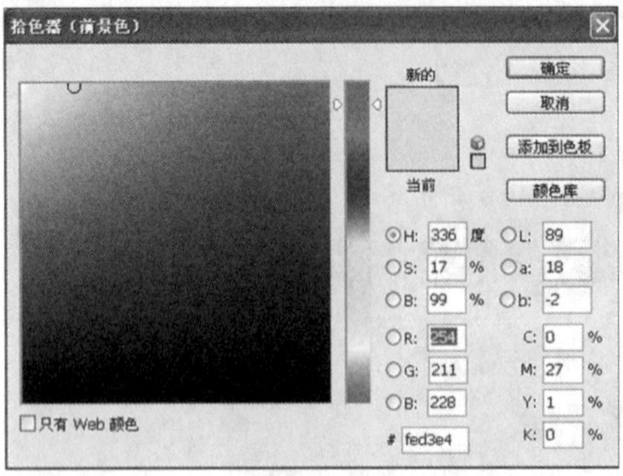

图 8.1.2

图 8.1.3

STEP3 新建“图层 2”，选择“矩形选框工具”，点击左键拖出一个长方形，再选择“椭圆选框工具”，点击“添加到选区”后按住“Shift”键拖出三个圆形填充颜色，颜色值分别为“#f6a7c6”“#fde3cb”“#fff7fa”，效果如图 8.1.4 所示。在图层里面单击右键，选择“合并图层”，如图 8.1.5 所示。按“Ctrl+J”组合键复制出五个图层，如图 8.1.6 所示。

图 8.1.4

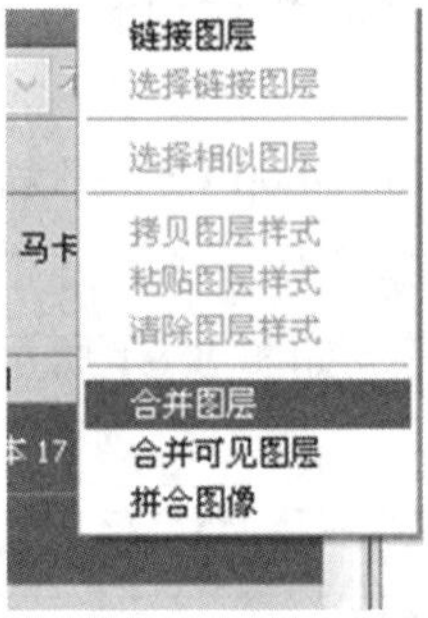

图 8.1.5

图 8.1.6

STEP4 新建“图层 3”，选择“矩形选框工具”，设置样式为“固定大小”，“宽度”为 50 厘米，“高度”为 2.8 厘米，参数如图 8.1.7 所示。再新建一个图层，选择“矩形选框工具”，设置样式为“固定大小”，“宽度”为 5.3 厘米，“高度”为 2.8 厘米，参数如图 8.1.8 所示，效果如图 8.1.9 所示。

图 8.1.7

图 8.1.8

图 8.1.9

STEP5 在 Photoshop CS4 中打开“马卡龙素材”拉出“LOGO”图片，如图 8.1.10 所示。将它拉到“首页”，按“Ctrl+T”组合键调整图片大小，如图 8.1.11 所示。选择“横排文字工具” T，输入“首页”“食物简介”“食物历史”“制作过程”“投诉建议”。按“Ctrl+J”组合键复制，字体颜色值分别为“#464343”（灰色）、“#fffcfc”（白色），灰色放下面，白色放上面，如图 8.1.12 所示。

图 8.1.10

图 8.1.11

图 8.1.12

STEP6 点击“图层 3”，出现蚂蚁线后新建“图层 4”，如图 8.1.13 所示。点击“编辑”—“描边”，参数如图 8.1.14 所示。确定后向下拉动再按“Ctrl+D”组合键取消蚂蚁线，选择“矩形选框工具”，按“Ctrl+T”组合键选择“垂直翻转”，如图 8.1.15 所示。选中所需的图片后按“Delete”删除键，如图 8.1.16 所示。新建“图层 5”，选择“画笔工具”，参数如图 8.1.17 所示。画出一个圆形，颜色值为“#ffffff”，按“Ctrl+J”组合键复制 22 个图层副本，如图 8.1.18 所示。选中这 23 个图层，点击右键选择“合并图层”，如图 8.1.19 所示。选择“横排文字工具”T，输入文字，颜色值为“#d7bbc1”，效果如图 8.1.20 所示。

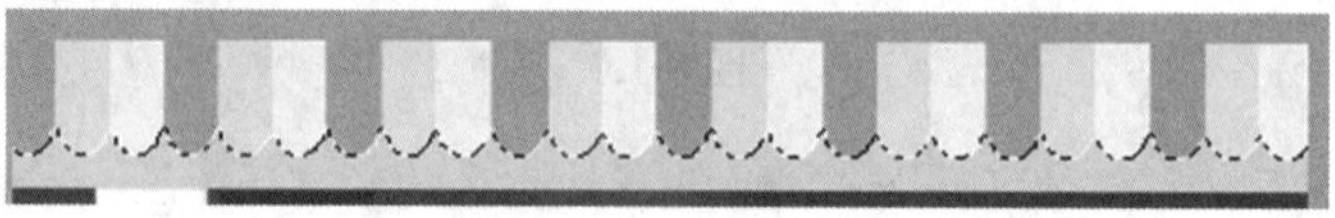

图 8.1.13

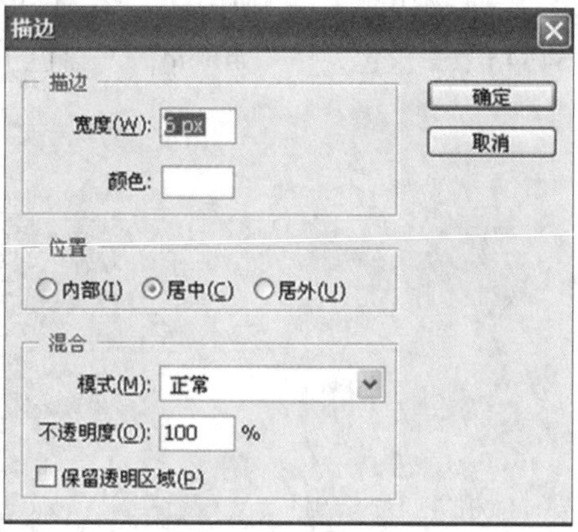

图 8.1.14

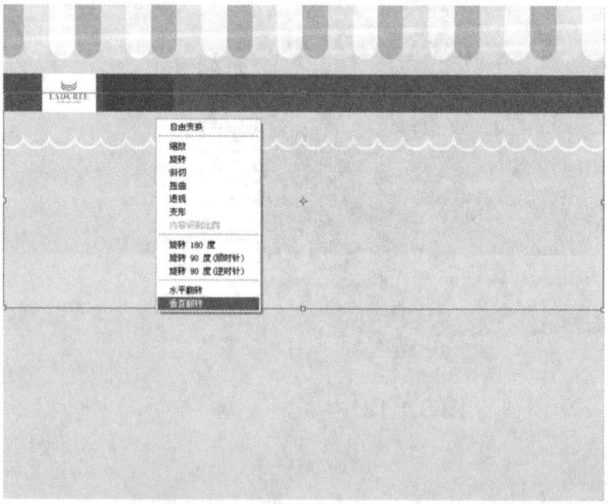

图 8.1.15

图 8.1.16

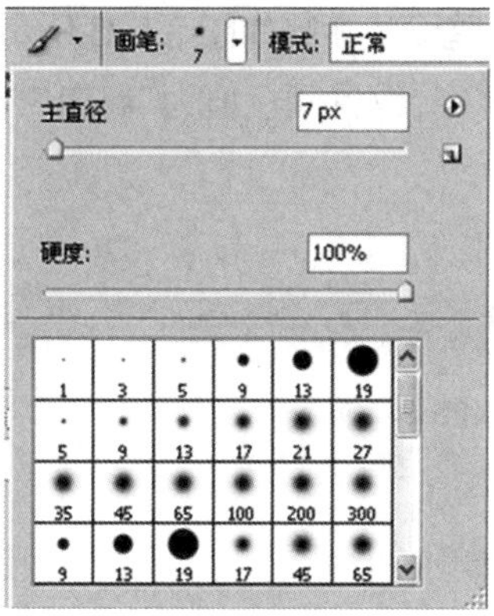

图 8.1.17

图 8.1.18

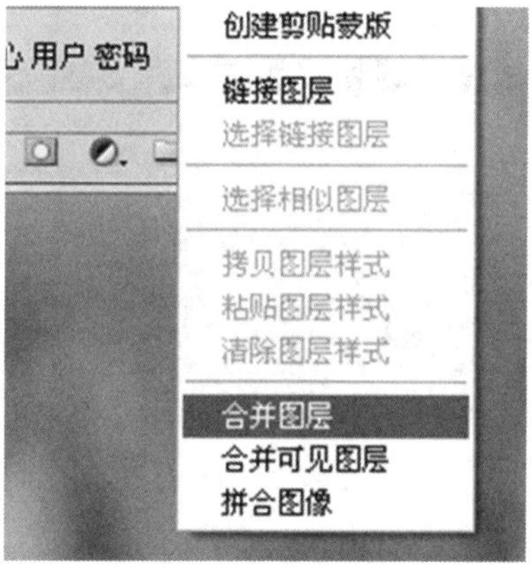

图 8.1.19

图 8.1.20

STEP7 新建“图层 6”，在 Photoshop CS4 中打开“马卡龙素材”拉出“图 1”图片，将它放在“首页”中间，按“Ctrl+T”组合键调整图片大小。将“图层”面板上方的“图层样式”调为“正片叠底”，如图 8.1.21 所示。

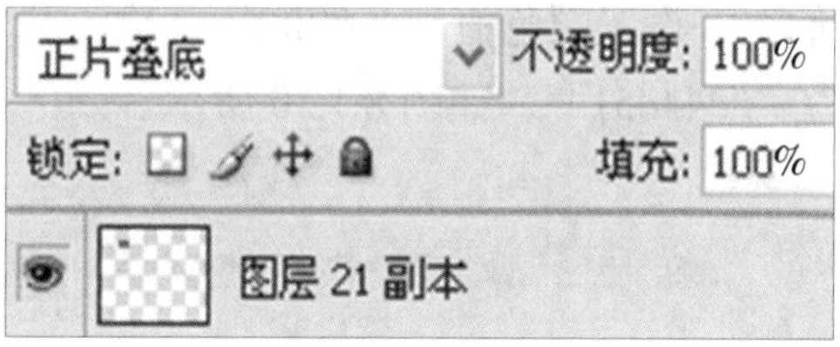

图 8.1.21

STEP8 新建“图层 7”，选择“矩形选框工具”，设置样式为“固定大小”，“宽度”为 7.7 厘米，“高度”为 21.5 厘米，填充颜色为“白色”，参数如图 8.1.22 所示。选择“矩形选框工具”

，设置样式为“固定大小”，“宽度”为 6.3 厘米，“高度”为 1.5 厘米，参数如图 8.1.23 所示。按“Delete”删除键，效果如图 8.1.25 所示。选择“横排文字工具”，输入文字，设置颜色值为“#bf3b3f”，参数如图 8.1.24 所示，效果如图 8.1.26 所示。

图 8.1.22

图 8.1.23

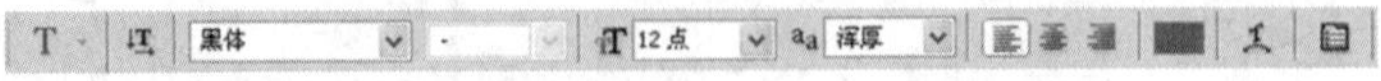

图 8.1.24

图 8.1.25

图 8.1.26

STEP9 新建“图层 8”，选择“矩形选框工具”，设置样式为“固定大小”，“宽度”为 7.6 厘米，“高度”为 4.8 厘米，颜色值为“#faf4f4”，参数如图 8.1.27 所示。确定后选择“矩形选框工具”，设置样式为“固定大小”，“宽度”为 7.6 厘米，“高度”为 1 厘米，颜色值为“#d44d51”，参数如图 8.1.28 所示。确定后再选择“矩形选框工具”，设置样式为“固定大小”，“宽度”为 7 厘米，“高度”为 1 厘米，参数如图 8.1.29 所示。按“Delete”删除键，选择“横排文字工具”，输入“联系我们”，设置颜色值为“#ffffff”，输入“联系电话：82523246 QQ：1203583522”，设置颜色值为“#d44d51”，如图 8.1.30 所示。

图 8.1.27

图 8.1.28

图 8.1.29

图 8.1.30

STEP10 新建“图层 9”，选择“矩形选框工具”，设置样式为“固定大小”，“宽度”为 7.7 厘米，“高度”为 11 厘米，设置颜色值为“#fed7b2”，参数如图 8.1.31 所示，效果如图 8.1.32 所示。

图 8.1.31

图 8.1.32

STEP11 新建“图层 10”，选择“圆角矩形工具”，拉出一个圆角矩形，在图层里面单击右键后选择“栅格化图层”，如图 8.1.33 所示。双击图层进入“图层样式”，选择“渐变叠加”和“描边”，如图 8.1.34 所示。确定后按“Ctrl+J”组合键复制出两个图层副本，在第二个图层副本里按“Ctrl+T”组合键拉长圆角形，如图 8.1.35 所示。

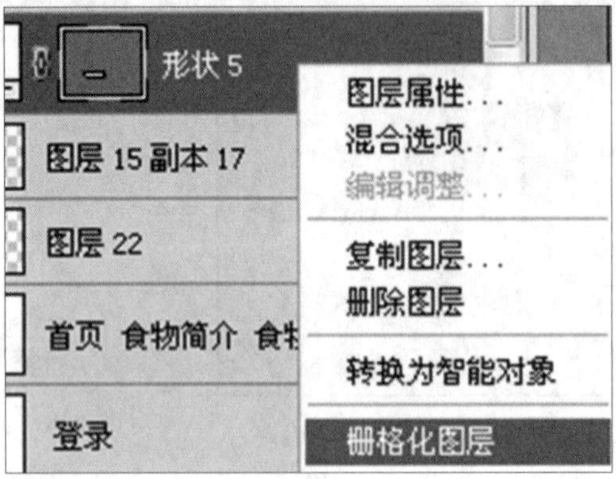

图 8.1.33

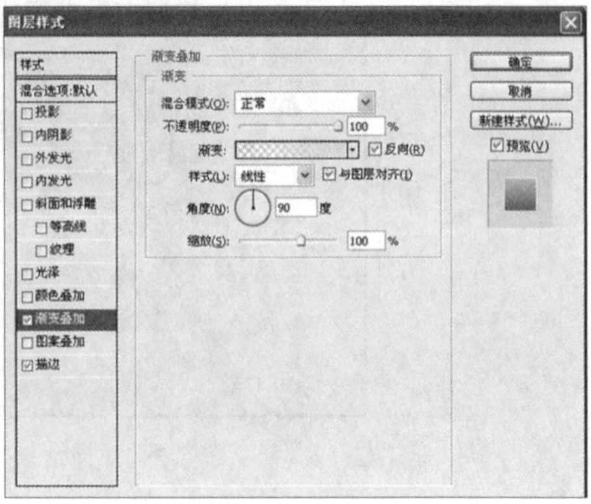

图 8.1.34

图 8.1.35

STEP12 新建“图层 11”，选择“矩形选框工具”，设置样式为“固定大小”，“宽度”为 0.5 厘米，“高度”为 0.5 厘米，颜色值为“#fbf7f7”，参数如图 8.1.36 所示。双击图层进入“图层样式”，选择“描边”，如图 8.1.38 所示。新建一个图层，选择“矩形选框工具”，设置样式为“固定大小”，“宽度”为 2.3 厘米，“高度”为 0.7 厘米，颜色值为“#bf3b3f”，参数如图 8.1.37 所示，效果如图 8.1.39 所示。

图 8.1.36

图 8.1.37

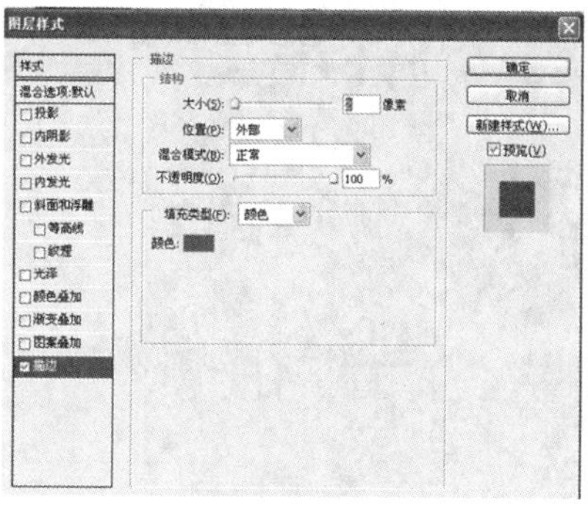

图 8.1.38

图 8.1.39

STEP13 新建“图层 12”，选择“矩形选框工具”，设置样式为“固定大小”，“宽度”为 1.8 厘米，“高度”为 1.5 厘米，颜色值为“#bf3b3f”，参数如图 8.1.40 所示。双击图层进入“图层样式”，选择“斜面和浮雕”，如图 8.1.42 所示。新建一个图层，选择“矩形选框工具”，设置样式为“固定大小”，“宽度”为 1.2 厘米，“高度”为 0.8 厘米，颜色值为“#bf3b3f”，参数如图 8.1.41 所示。双击图层进入“图层样式”，选择“斜面和浮雕”，如图 8.1.43 所示，确定后效果如图 8.1.44 所示。

图 8.1.40

图 8.1.41

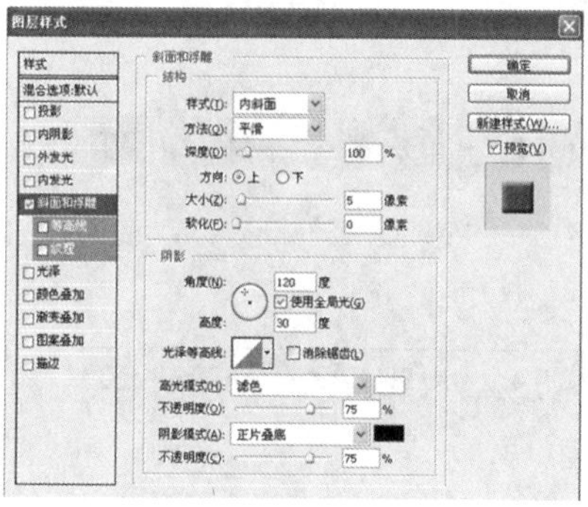

图 8.1.42

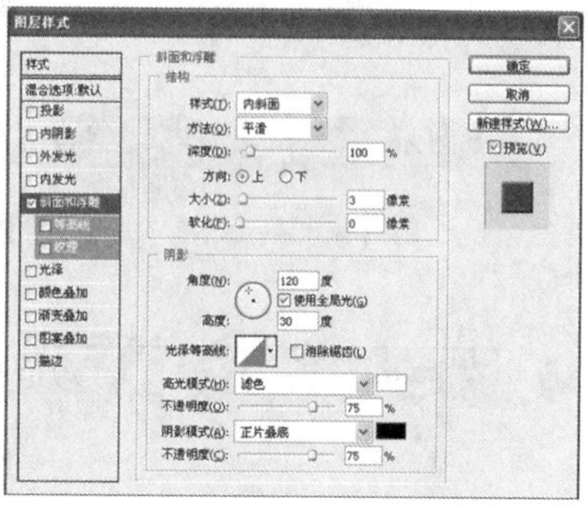

图 8.1.43

图 8.1.44

STEP14 选择“直线工具”，设置颜色值为“#ffffff”。选择“横排文字工具”，输入“会员中心”“下次自动登录”“订阅电子资讯”，设置字体大小为“18 点”，颜色值为“#bf3b3f”，参数如图 8.1.45 所示。输入“用户”“密码”“输入您的常用邮箱”，设置字体大小为“12 点”，颜色值为“#d1b3b3”，参数如图 8.1.46 所示。输入“忘记密码”“您还没有开通账号”，设置颜色值为“#3b8fbf”，输入“登陆”“立即注册”“订阅”，设置字体大小为“12 点”，颜色值为“#ffffff”，参数如图 8.1.47 所示，最终效果如图 8.1.48 所示。

图 8.1.45

图 8.1.46

图 8.1.47

图 8.1.48

STEP15 马卡龙首页制作完成，按“Ctrl+S”组合键保存。

8.2 “食物简介”二级页面制作

最终效果图

STEP1~STEP6 操作步骤参照 8.1 章节的 STEP1~STEP6。

STEP7 新建“图层 6”，选择“矩形选框工具” ，设置样式为“固定大小”，“宽度”为 14.8 厘米，“高度”为 10 厘米，颜色值为“#ffffff”，参数如图 8.2.1 所示。在 Photoshop CS4 中打开“马卡龙素材”拉出“图 2”图片，将图片拉到“食物简介”二级页面后，按“Ctrl+T”组合键调整图片大小，如图 8.2.2 所示。点击“图层”面板，将图片设置为“正片叠底”，如图 8.2.3 所示。

图 8.2.1

图 8.2.2

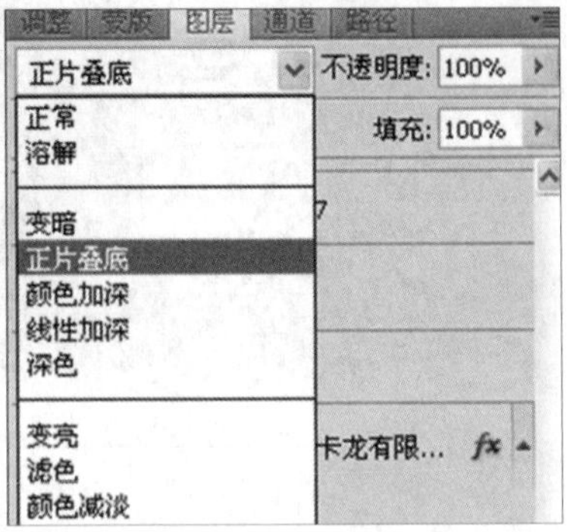

图 8.2.3

STEP8 新建“图层 7”，选择“矩形选框工具”，设置样式为“固定大小”，“宽度”为 14.8 厘米，“高度”为 10 厘米，颜色值为“#ffffff”，参数如图 8.2.4 所示。在 Photoshop CS4 中打开“马卡龙素材”拉出“图 3”“图 4”“图 5”三张图片，将图片拉到“食物简介”二级页面后，按“Ctrl+T”组合键调整图片大小，选择“横排文字工具”，输入“产品推荐”，设置颜色值为“#bf3b3f”，如图 8.2.5 所示。

图 8.2.4

图 8.2.5

STEP9 选择“横排文字工具”，输入“食物简介”资料文字，设置“食物简介”四字字体大小为“37.18 点”，内容文字字体大小为“21 点”，颜色值为“#bf3b3f”，参数如图 8.2.6、图 8.2.7 所示，效果如图 8.2.8 所示。

图 8.2.6

图 8.2.7

图 8.2.8

STEP10 在 Photoshop CS4 中打开“马卡龙素材”拉出“图 6”“图 7”“图 8”三张图片，将图片拉到“食物简介”二级页面后，按“Ctrl+T”组合键调整图片大小，如图 8.2.9 所示，完成效果如图 8.2.10 所示。

图 8.2.9

图 8.2.10

STEP11 马卡龙“食物简介”二级页面制作完成，按“Ctrl+S”组合键保存。

▌8.3 “食物历史”二级页面制作

最终效果图

STEP1~STEP6 操作步骤参照 8.1 章节的 STEP1~STEP6。

STEP7 新建“图层 6”，选择“矩形选框工具”，设置样式为“固定大小”，“宽度”为 14.8 厘米，“高度”为 10 厘米，颜色值为“#ffffff”，参数如图 8.3.1 所示。在 Photoshop CS4 中打开“马卡龙素材”拉出“图 2”图片，将图片拉到“食物历史”二级页面后，按“Ctrl+T”组合键调整图片大小，如图 8.3.2 所示。点击“图层”面板，将图片设置为“正片叠底”，如图 8.3.3 所示。

图 8.3.1

图 8.3.2

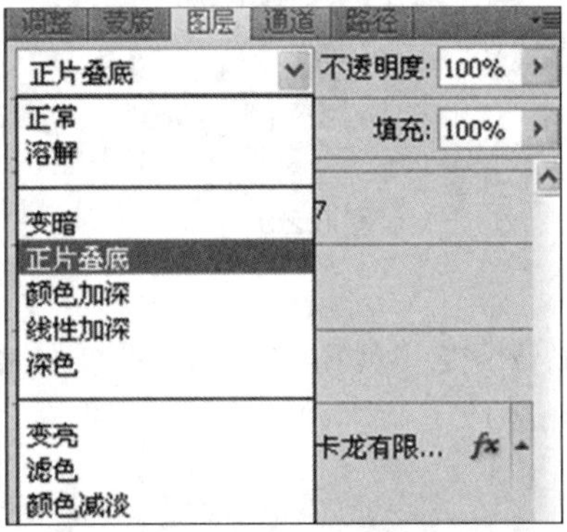

图 8.3.3

STEP8 新建“图层 7”，选择“矩形选框工具”，设置样式为“固定大小”，“宽度”为 14.8 厘米，“高度”为 10 厘米，颜色值为“#ffffff”，参数如图 8.3.4 所示，效果如图 8.3.5 所示。

图 8.3.4

图 8.3.5

STEP9 在 Photoshop CS4 中打开“马卡龙素材”拉出“图 9”图片，将图片拉到“食物历史”二级页面后，选择“快速选择工具”，如图 8.3.6 所示。选中图片里面的甜品后按“Ctrl+C+V”组合键复制粘贴，如图 8.3.7 所示。再按“Ctrl+J”组合键复制得到图层副本后按“Ctrl+T”组合键，单击右键选择“垂直翻转”，如图 8.3.8 所示。选中图层副本后点击“蒙版”，选择“渐变工具”拉出投影，如图 8.3.9 所示，最终效果如图 8.3.10 所示。

图 8.3.6

图 8.3.7

图 8.3.8

图 8.3.9

图 8.3.10

STEP10 选择“横排文字工具”，输入“食物历史”资料文字，设置“食物历史”四字字体大小为“37.18 点”，内容文字字体大小为“21 点”，颜色值为“#bf3b3f”，参数如图 8.3.11、图 8.3.12 所示，效果如图 8.3.13 所示。

图 8.3.11

图 8.3.12

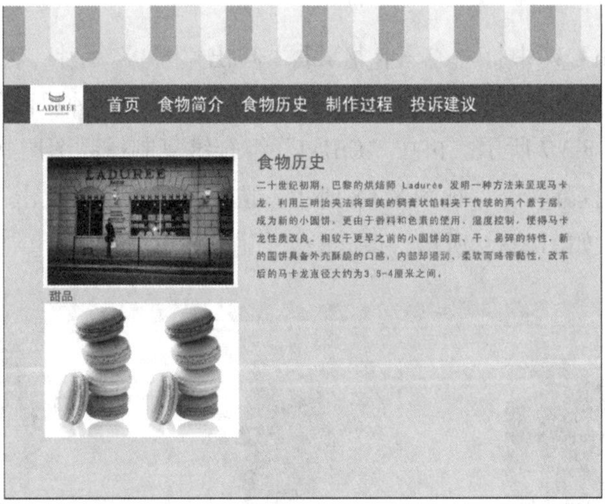

图 8.3.13

STEP11 在 Photoshop CS4 中打开“马卡龙素材”拉出“图 10”图片，将图片拉到“食物历史”二级页面后，选择“快速选择工具”，如图 8.3.14 所示。选中图片里面的甜品后按“Ctrl+C+V”组合键复制粘贴，如图 8.3.15 所示。再按“Ctrl+J”组合键复制得到图层副本后按“Ctrl+T”组合键，单击右键选择“垂直翻转”，如图 8.3.16 所示。选中图层副本后点击“蒙版”，选择“渐变工具”拉出投影，如图 8.3.17 所示。选择图层与图层副本后单击右键选择“合并图层”，按“Ctrl+J”组合键复制七个图层副本。选择“矩形选框工具”，设置样式为“固定大小”，“宽度”为 4.3 厘米，“高度”为 4.5 厘米，颜色值为 “#f7e9c7”，参数如图 8.3.18 所示，按“Ctrl+J”组合键复制七个图层副本。选择“横排文字工具” T，输入“菠萝味”“草莓味”“香蕉味”“苹果味”，参数如图 8.3.19 所示。按“Ctrl+J”组合键复制一个图层副本，设置颜色值为“#000000”，如图 8.3.20 所示。完成效果如图 8.3.21 所示。

图 8.3.14

图 8.3.15

图 8.3.16

图 8.3.17

图 8.3.18

图 8.3.19

图 8.3.20

图 8.3.21

STEP12 马卡龙“食物历史”二级页面制作完成，按“Ctrl+S”组合键保存。

8.4 “制作过程”二级页面制作

最终效果图

STEP1~STEP6 操作步骤参照 8.1 章节的 STEP1~STEP6。

STEP7 新建“图层 6”，选择“矩形选框工具”，设置样式为“固定大小”，“宽度”为 14.8 厘米，“高度”为 10 厘米，颜色值为“#ffffff”，参数如图 8.4.1 所示。在 Photoshop CS4 中打开“马卡龙素材”拉出“图 2”图片，将图片拉到“制作过程”二级页面后，按“Ctrl+T”组合键调整图片大小，如图 8.4.2 所示。点击“图层”面板，将图片设置为“正片叠底”，如图 8.4.3 所示。

图 8.4.1

图 8.4.2

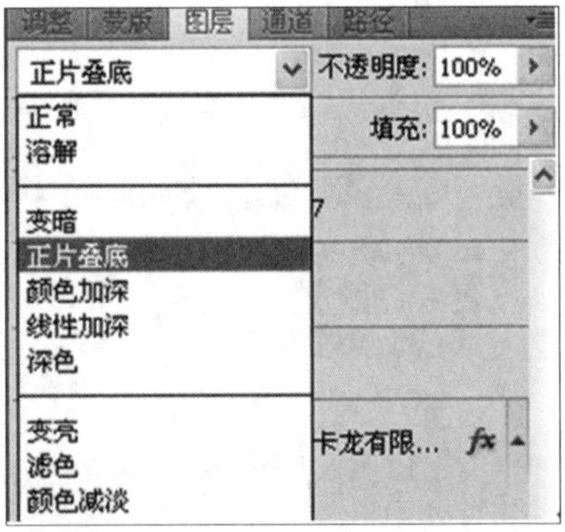

图 8.4.3

STEP8 新建“图层 7”，选择“矩形选框工具”，设置样式为“固定大小”，“宽度”为 14.8 厘米，“高度”为 10 厘米，颜色值为“#ffffff”，参数如图 8.4.4 所示。在 Photoshop CS4 中打开“马卡龙素材”拉出“图 11”图片，将图片拉到“制作过程”二级页面后，按“Ctrl+T”组合键调整图片大小，如图 8.4.5 所示。

图 8.4.4

图 8.4.5

STEP9 选择“横排文字工具”，输入“制作过程”资料文字，设置“制作过程”四字字体大小为“37 点”，内容文字字体大小为“21 点”，颜色值为“#bf3b3f”，参数如图 8.4.6、图 8.4.7 所示，效果如图 8.4.8 所示。

图 8.4.6

图 8.4.7

图 8.4.8

STEP10 在 Photoshop CS4 中打开“马卡龙素材”拉出“图 12”图片，将图片拉到“制作过程”二级页面后，选择“快速选择工具”，如图 8.4.9 所示。选中图片里面的甜品后按“Ctrl+C+V”组合键复制粘贴，如图 8.4.10 所示。选择“矩形选框工具”，设置样式为“固定大小”，“宽度”为 7.9 厘米，“高度”为 21 厘米，颜色值为“#ffffff”，参数如图 8.4.11 所示，效果如图 8.4.12 所示。完成效果如图 8.4.13 所示。

图 8.4.9

图 8.4.10

图 8.4.11

图 8.4.12

图 8.4.13

STEP11 马卡龙“制作过程”二级页面制作完成，按“Ctrl+S”组合键保存。

8.5 “投诉建议”二级页面制作

最终效果图

STEP1~STEP6 操作步骤参照 8.1 章节的 STEP1~STEP6。

STEP7 新建“图层 6”，选择“矩形选框工具”，设置样式为“固定大小”，“宽度”为 14.8 厘米，“高度”为 10 厘米，颜色值为“#ffffff”，参数如图 8.5.1 所示。在 Photoshop CS4 中打开“马卡龙素材”拉出“图 2”图片，将图片拉到“投诉建议”二级页面后，按“Ctrl+T”组合键调整图片大小，如图 8.5.2 所示。点击“图层”面板，将图片设置为“正片叠底”，如图 8.5.3 所示。

图 8.5.1

图 8.5.2

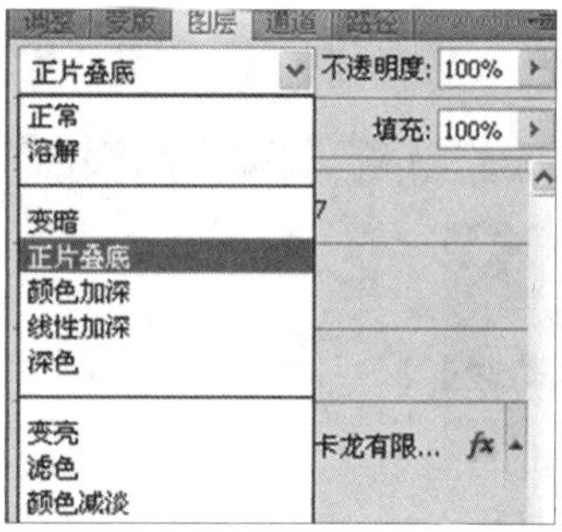

图 8.5.3

STEP8 新建“图层 7”，选择“矩形选框工具”，设置样式为“固定大小”，“宽度”为 14 厘米，“高度”为 10 厘米，颜色值为“#ffffff”，参数如图 8.5.4 所示。在 Photoshop CS4 中打开“马卡龙素材”拉出“图 13”图片，将图片拉到“投诉建议”二级页面后，按“Ctrl+T”组合键调整图片大小，如图 8.5.5 所示。

图 8.5.4

图 8.5.5

STEP9 新建“图层 8”，选择“矩形选框工具”，设置样式为“固定大小”，“宽度”为 23.8 厘米，“高度”为 11.2 厘米，颜色值为“#ffffff”，参数如图 8.5.6 所示。新建“图层 9”，选择“矩形选框工具”，设置样式为“固定大小”，“宽度”为 22.9 厘米，“高度”为 11.2 厘米，颜色值为“#ffffff”，参数如图 8.5.7 所示。新建“图层 10”，选择“画笔工具”，按住“Shift”键用画笔画出直线，如图 8.5.8 所示，最终效果如图 8.5.9 所示。

图 8.5.6

图 8.5.7

图 8.5.8

图 8.5.9

STEP10 在 Photoshop CS4 中打开“马卡龙素材”拉出“LOGO”图片，将图片拉到“投诉建议”二级页面，按“Ctrl+T”组合键调整图片大小，如图 8.5.10 所示。新建“图层 11”，选择“画笔工具”，按住“Shift”键用画笔画出直线，如图 8.5.11 所示。

图 8.5.10

图 8.5.11

STEP11 新建“图层 12”，选择“矩形选框工具”，设置样式为“固定大小”，“宽度”为 0.8 厘米，“高度”为 0.9 厘米，颜色值为“#ffffff”，参数如图 8.5.12 所示。双击图层进入“图层样式”，选择“描边”，如图 8.5.14 所示。按“Ctrl+J”组合键复制五个图层副本，如图 8.5.15 所示。选择“横排文字工具”，输入“投诉建议”，设置颜色值为“#bf3b3f”，参数如图 8.5.13 所示，效果如图 8.5.16 所示，完成效果如图 8.5.17 所示。

图 8.5.12

图 8.5.13

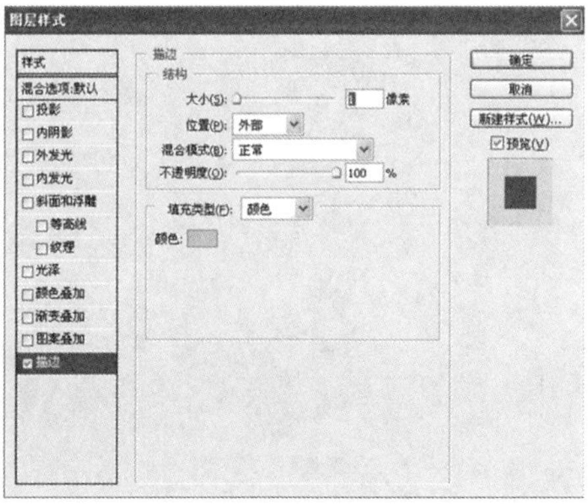

图 8.5.14

图 8.5.15

图 8.5.16

图 8.5.17

STEP12 马卡龙“投诉建议”二级页面制作完成，按“Ctrl+S”组合键保存。

9 星巴克品牌网页美工设计之二

9.1 星巴克首页制作

最终效果图

STEP1 在 Photoshop CS4 中新建一个“宽度”和“高度”分别为 1366 像素和 764 像素，“分辨率”为 72 像素 / 英寸的白色背景文档。按“Ctrl+S”组合键将文档保存为“星巴克网页设计首页”，如图 9.1.1 所示。

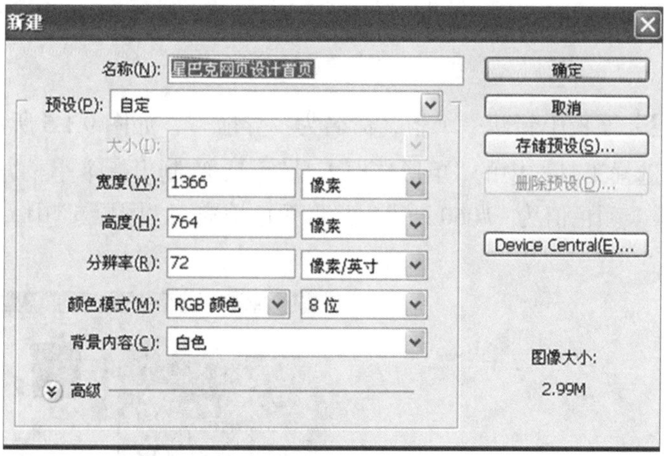

图 9.1.1

STEP2 新建“图层 1”，按“Ctrl+O”组合键，从星巴克素材库中导入“背景 .jpg”，选择“减淡工具”，将背景适当减淡，效果如图 9.1.2 所示。

STEP3 新建“图层 2”，按“Ctrl+O”组合键，从星巴克素材库中导入“背景导航 .jpg”，按“Ctrl+T”组合键，把图片拉到适当的长度，如图 9.1.3 所示。

图 9.1.2

图 9.1.3

STEP4 新建“图层 3”，按“Ctrl+O”组合键，从星巴克素材库中导入“星巴克 logo. jpg”，如图 9.1.4 所示。

图 9.1.4

STEP5 在“图层”面板中新建一个组，命名为“导航”，如图 9.1.5 所示。然后在“导航”组中新建“图层 5”，选择工具栏中的“矩形选框工具”⬚，绘制出一个小长方形为导航的分割线，设置前景色为“黑色”，颜色值为“#060606”，并将颜色填充至“图层 5”中，参数如图 9.1.6 所示。

图 9.1.5

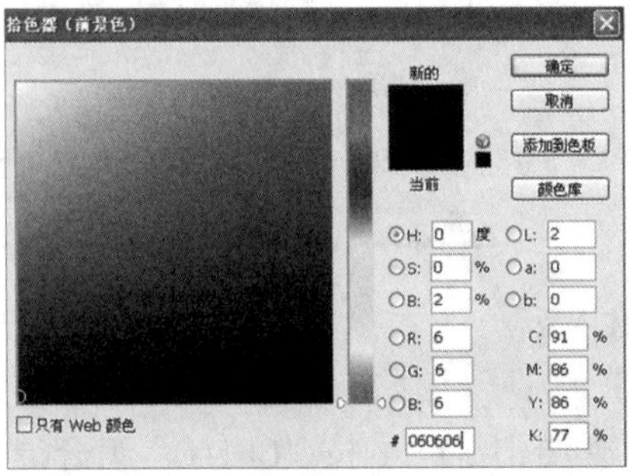

图 9.1.6

STEP6 在“导航”组中新建“图层 6”，选择“矩形选框工具”，绘制出一个小矩形来做导航的分割线，设置前景色为“棕色”，颜色值为“#974520”，并将颜色填充至“图层 6”中，参数如图 9.1.7 所示。

STEP7 在“图层”面板中，按住“Shift”键，用鼠标选择“图层 5”和“图层 6”，点击鼠标右键，选择“合并图层”，如图 9.1.8 所示，将合并后的图层命名为“图层 5”。

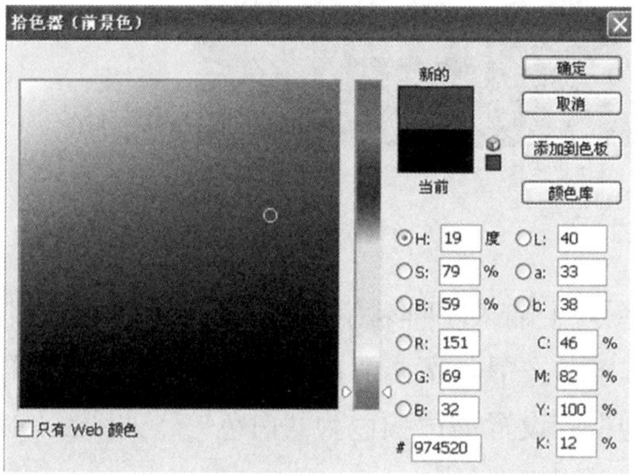

图 9.1.7

图 9.1.8

STEP8 选择“图层 5”，点击鼠标右键“复制图层”，得到“图层 5 副本”，依次复制三次，得到“图层 5 副本 1”“图层 5 副本 2”“图层 5 副本 3”，形成四个按钮，效果如图 9.1.9 所示。

STEP9 选择“横排文字工具”，在按钮上依次输入“首页”“咖啡及文化”“饮品与美食”“市场活动”，效果如图 9.1.10 所示。

图 9.1.9

图 9.1.10

STEP10 按“Ctrl+O”组合键，从星巴克素材库中导入“摩卡咖啡图 .jpg”“卡布奇诺咖啡图 .jpg”“美式咖啡图 .jpg”和“焦糖玛奇朵图 .jpg”，依次把图片的大小调成一致，效果如图 9.1.11 所示。

图 9.1.11

STEP11 选择“横排文字工具”，在咖啡图片上输入咖啡名字，名字依次为“摩卡咖啡”“卡布奇诺”“美式咖啡”“焦糖玛奇朵”，选择其中一个名字，双击文字，选择“图层样式”，如图 9.1.12 所示。选择“图层样式”中的“描边”，设置描边颜色为“白色”，如图 9.1.13 所示。其余文字操作步骤相同，效果如图 9.1.14 所示。

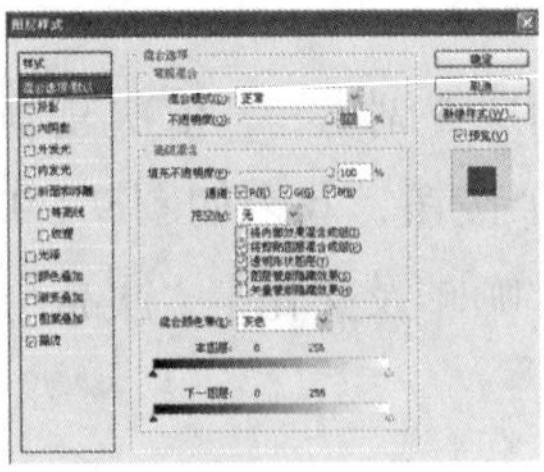

图 9.1.12

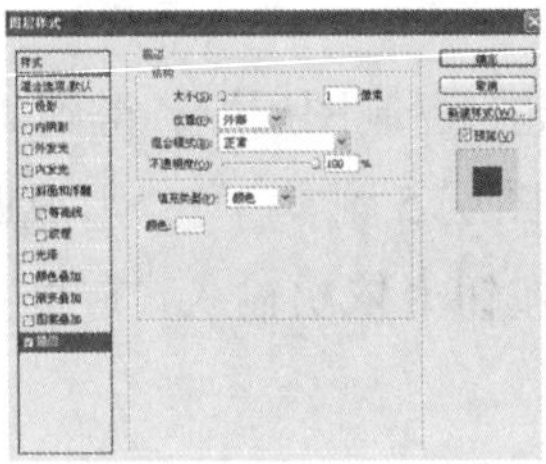

图 9.1.13

图 9.1.14

STEP12 在“图层”面板中新建一个组，命名为“导航 2”，在组里面新建图层，如图 9.1.15 所示。选择“画笔工具”，绘制出两条斜线为导航的分割线，颜色为“黑色”，然后选择“横排文字工具”，分别输入“会员登入”“星巴克网站”“更多星花样”，设置字体颜色为“白色”，效果如图 9.1.16 所示。

图 9.1.15

图 9.1.16

STEP13 选择“横排文字工具” ，分别输入“星巴克新闻”“星巴克品牌故事”“星巴克产品系列”，设置字体颜色为“黑色”。输入“星巴克庆祝全球四十年的咖啡历程”“对于繁荣市区的承诺”，设置字体颜色为“绿色”。双击“文字”图层，选择“图层样式”，如图 9.1.17 所示。选择“描边”，如图 9.1.18 所示，效果如图 9.1.19 所示。

STEP14 按“Ctrl+O”组合键，从星巴克素材库中导入“星巴克品牌故事图 .jpg”和“星巴克产品系列图 .jpg”，效果如图 9.1.20 所示。

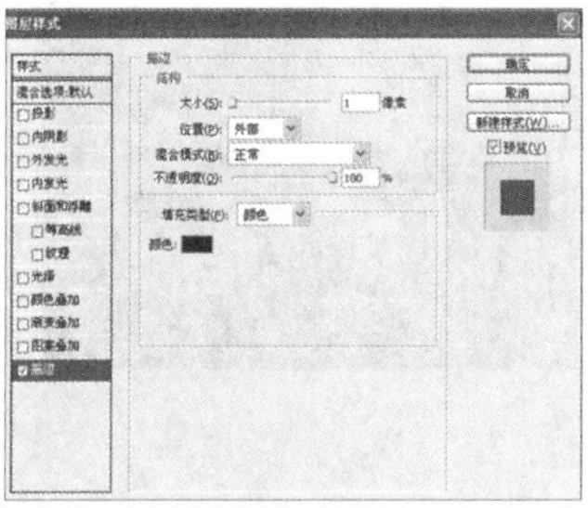

图 9.1.17

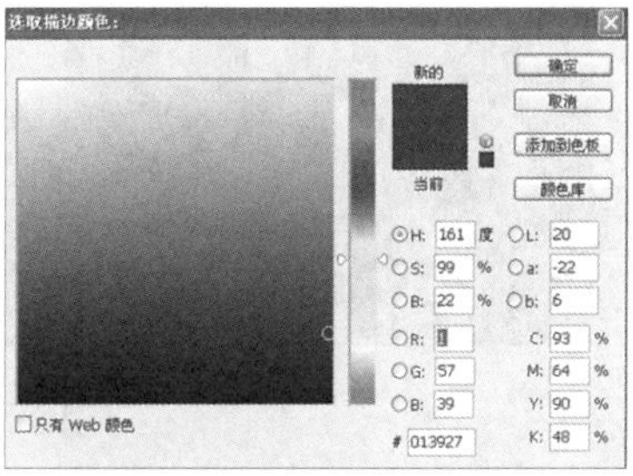

图 9.1.18

图 9.1.19

图 9.1.20

STEP15 选择“矩形选框工具” ，绘制出一个小矩形，设置前景色为“黄色”，颜色值为“#a3682c”，参数如图 9.1.21 所示，填充颜色。按住“Ctrl”键，将其选择的蚂蚁线删除掉，依次复制两个来做文字之间的分割线，效果如图 9.1.22 所示。

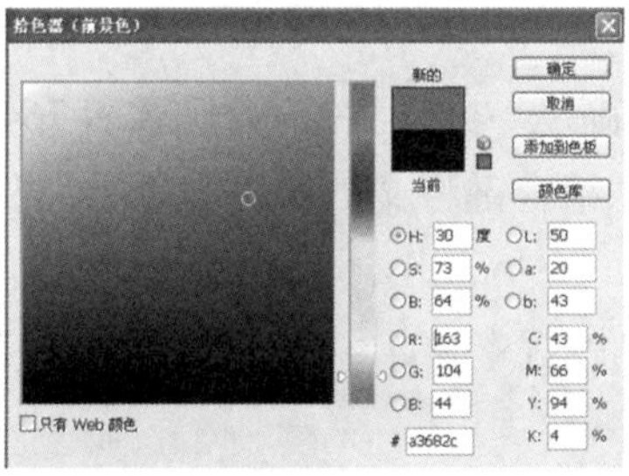

图 9.1.21

图 9.1.22

STEP16 选择“横排文字工具” T ，分别输入“电话：020-7891110”“地址：广州市天河区小新塘 53 号”，设置字体颜色为“黑色”，然后把文字拉到网页的下方，效果如图 9.1.23 所示。

图 9.1.23

STEP17 星巴克首页制作完成，按“Ctrl+S”组合键保存。

9.2 “咖啡及文化”二级页面制作

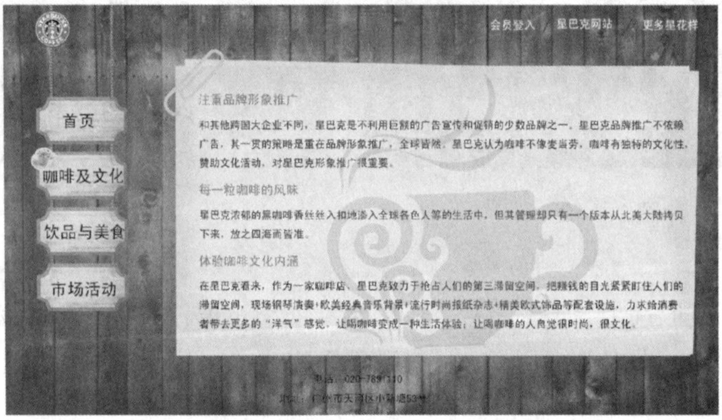

最终效果图

STEP1 在 Photoshop CS4 中新建一个“宽度”和“高度”分别为 1366 像素和 764 像素，“分辨率”为 72 像素 / 英寸的白色背景文档。按“Ctrl+S”组合键将文档保存为“咖啡及文化二级页面”，如图 9.2.1 所示。

STEP2 新建“图层 1”，按“Ctrl+O”组合键，从星巴克素材库中导入“背景 .jpg”，选择“减淡工具”，将背景适当减淡，效果如图 9.2.2 所示。

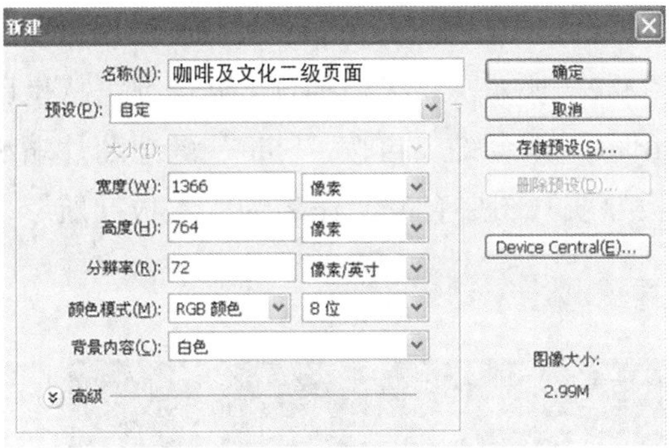

图 9.2.1

图 9.2.2

STEP3 新建“图层 2”，按“Ctrl+O”组合键，从星巴克素材库中导入“木板 .jpg”，以此做“咖啡及文化”二级页面的导航，如图 9.2.3 所示。选择木板的铁链，按“Ctrl+C”组合键，复制所选择的铁链，按“Ctrl+V”组合键，把两根铁链粘贴在一起，再点击鼠标右键，把图层合并在一起，如图 9.2.4 所示。按鼠标右键复制图层三次，再按鼠标右键把全部图层合并在一起，命名为“木板导航”，如图 9.2.5 所示，整个导航的效果如图 9.2.6 所示。

图 9.2.3

图 9.2.4

图 9.2.5

图 9.2.6

STEP4 按“Ctrl+O”组合键，从星巴克素材库中导入“星巴克 logo.jpg”，按“Ctrl+T”组合键，再按“Shift”键把图片缩小到一定程度，如图 9.2.7 所示。按“Ctrl+O”组合键，从星巴克素材库中导入“咖啡及文化咖啡图 .jpg”，按“Ctrl+T”组合键，再按“Shift”键把图片缩小到一定程度，然后按鼠标右键把这两个图层与“木板导航”图层合并，命名为“木板导航”，最后效果如图 9.2.8 所示。

图 9.2.7

图 9.2.8

STEP5 选择“横排文字工具” ，在木板上分别输入“首页”“咖啡及文化”“饮品与美食”“市场活动”，如图 9.2.9 所示。

图 9.2.9

STEP6 选择“矩形选框工具” ，画出一个长方形，如图 9.2.10 所示。设置前景色为“黄色”，颜色值为“#f0e6d1”，如图 9.2.11 所示。

图 9.2.10

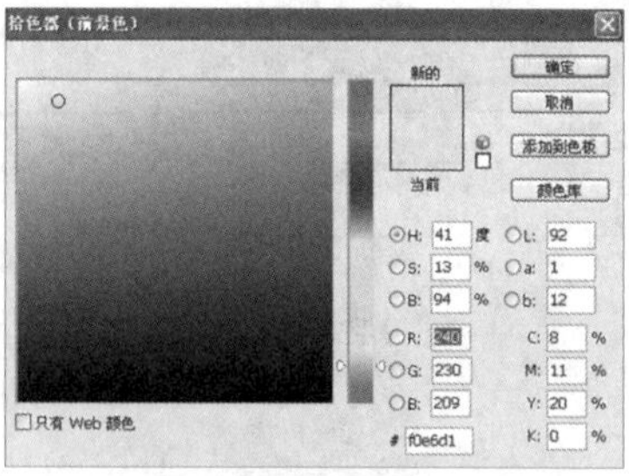

图 9.2.11

STEP7 新建一个图层，选择“画笔工具”，设置前景色为“黄色”，颜色值为“#d5c6a2”，如图 9.2.12 所示。调整画笔笔刷，参数如图 9.2.13 所示。做出旧纸张的效果，如图 9.2.14 所示。

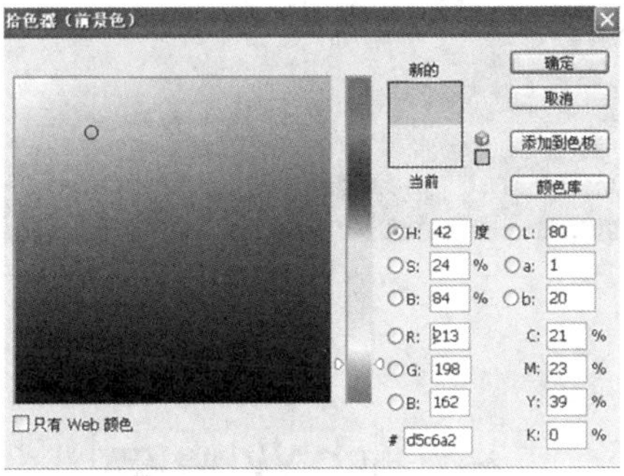

图 9.2.12

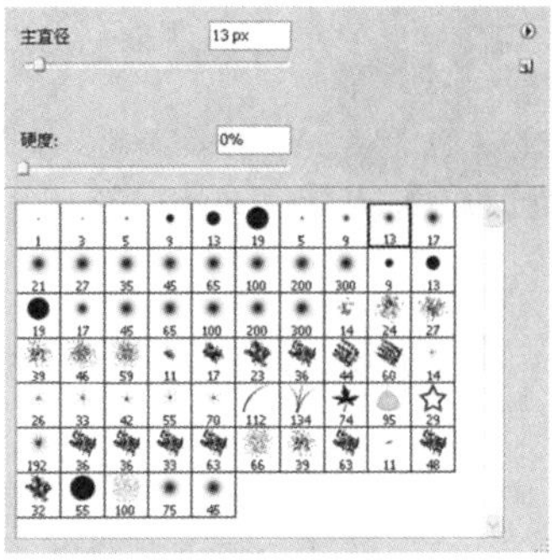

图 9.2.13

图 9.2.14

STEP8 选择“矩形选框工具”，画出一个长方形，设置前景色为“黄色”，颜色值为“#e0d4ba”，如图 9.2.15 所示。然后按“Ctrl+T”组合键旋转长方形，做出纸张重叠的效果，如图 9.2.16 所示。选择“自定义形状工具”中的“形状”，在“形状”旁边有一个小三角形，选择三角形里面的“全部”，然后按“追加”，如图 9.2.17 所示。再选择“回形针”图形，如图 9.2.18 所示。最后直接拉动鼠标就会出现“回形针”图形，画出一个“回形针”，设置颜色为“黄色”，颜色值为“#c9b481”，如图 9.2.19 所示。然后按“Ctrl+T”组合键旋转图形，用“橡皮擦工具”把不要的地方擦掉，效果如图 9.2.20 所示。

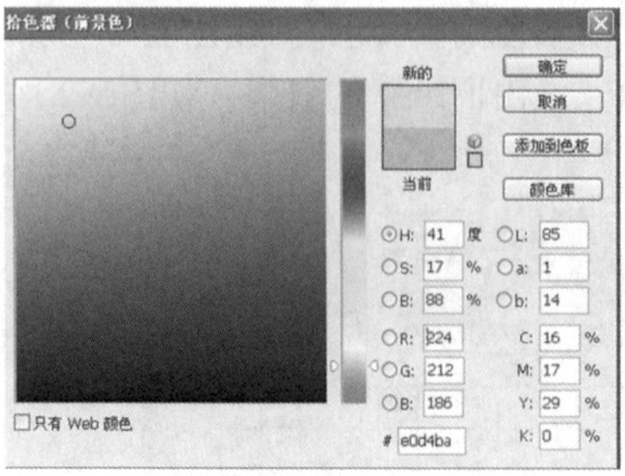

图 9.2.15

图 9.2.16

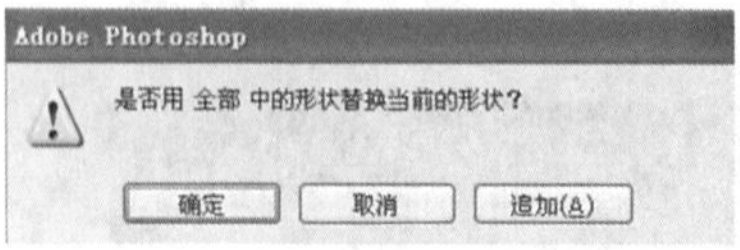

图 9.2.17

图 9.2.18

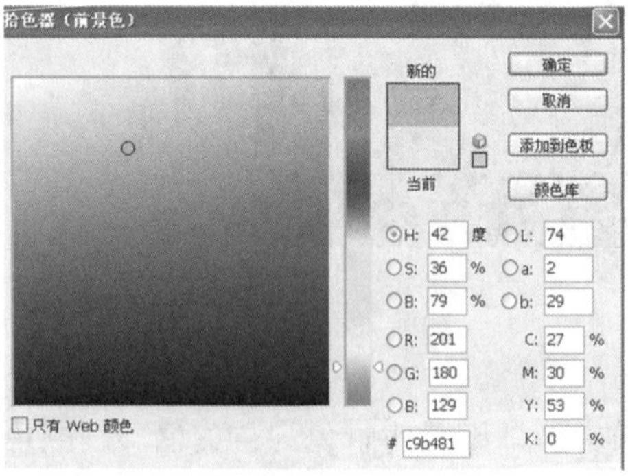

图 9.2.19

图 9.2.20

STEP9 选择“横排文字工具”T，输入“注重品牌形象推广”“每一粒咖啡的风味”“体验咖啡文化内涵”，设置字体为“黑体”，字体大小为“24 点”，颜色为“绿色”，颜色值为“#006644”，参数如图 9.2.21 所示。输入“和其他跨国大企业不同，星巴克是不利用巨额的广告宣传和促销的少数品牌之一。星巴克品牌推广不依赖广告，其一贯的策略是重在品牌形象推广，全球皆然。星巴克认为咖啡不像麦当劳，咖啡有独特的文化性，赞助文化活动，对星巴克形象推广很重要。”“星巴克浓郁的黑咖啡香丝丝入扣地渗入全球各色人等的生活中，但其管理却只有一个版本从北美大陆拷贝下来，放之四海而皆准。”“在星巴克看来，作为一家咖啡店，星巴克致力于抢占人们的第三滞留空间，把赚钱的目光紧紧盯住人们的滞留空间，现场钢琴演奏 + 欧美经典音乐背景 + 流行时尚报纸杂志 + 精美欧式饰品等配套设施，力求给消费者带去更多的‘洋气’感觉。让喝咖啡变成一种生活体验；让喝咖啡的人自觉很时尚，很文化。”设置字体颜色为“黑色”，参数如图 9.2.22 所示，效果如图 9.2.23 所示。

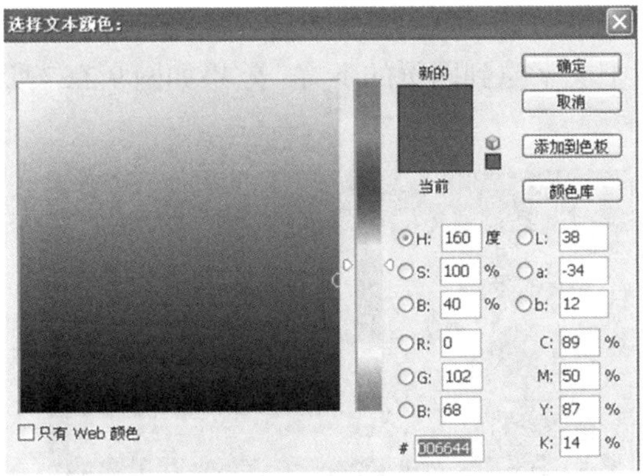

图 9.2.21

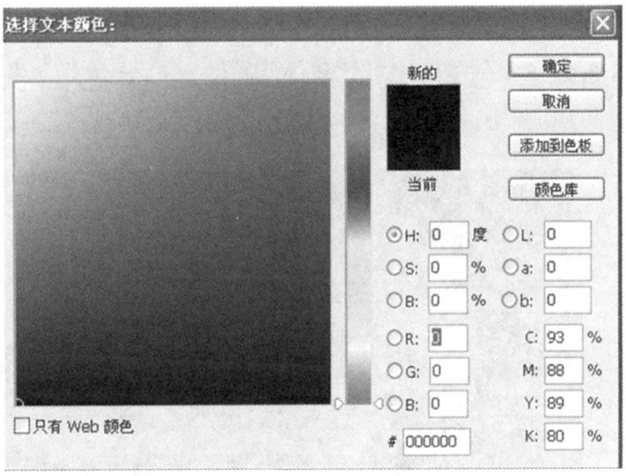

图 9.2.22

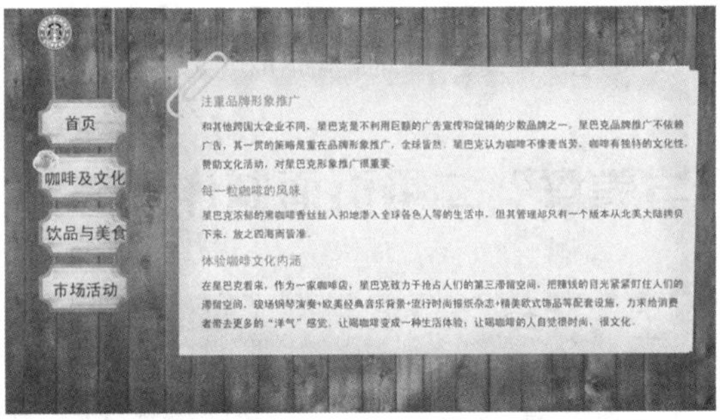

图 9.2.23

STEP10 新建“图层 2”，按“Ctrl+O”组合键，从星巴克素材库中导入“咖啡背景图 .jpg”做纸张的背景，并设置“图层 2”的不透明度为 25%，如图 9.2.24 所示，效果如图 9.2.25 所示。

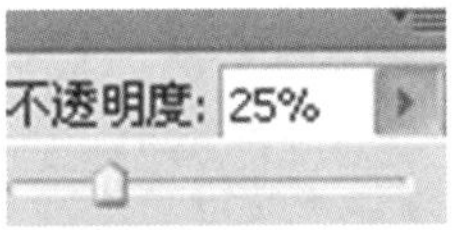

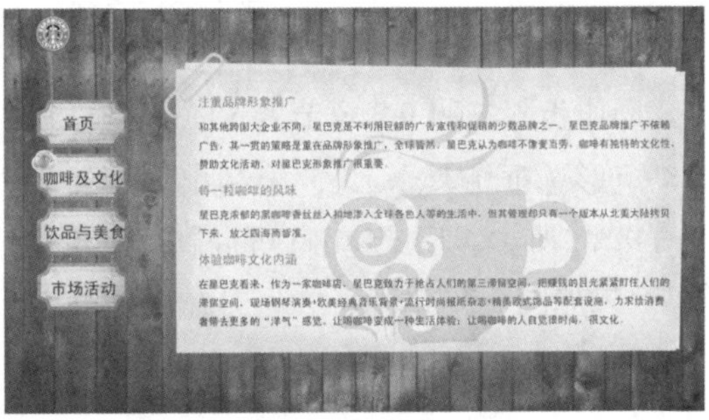

图 9.2.24

图 9.2.25

STEP11 在“图层”面板中新建一个图层，命名为“导航 2”，选择画笔工具，绘制出两条斜线为导航的分割线，然后选择“横排文字工具”，分别输入“会员登入”“星巴克网站”“更多星花样”，设置字体颜色为“白色”，效果如图 9.2.26 所示。

STEP12 选择“横排文字工具”，分别输入“电话：020-7891110”“地址：广州市天河区小新塘 53 号”，设置字体颜色为“黑色”，然后把文字拉到网页的下方，效果如图 9.2.27 所示。

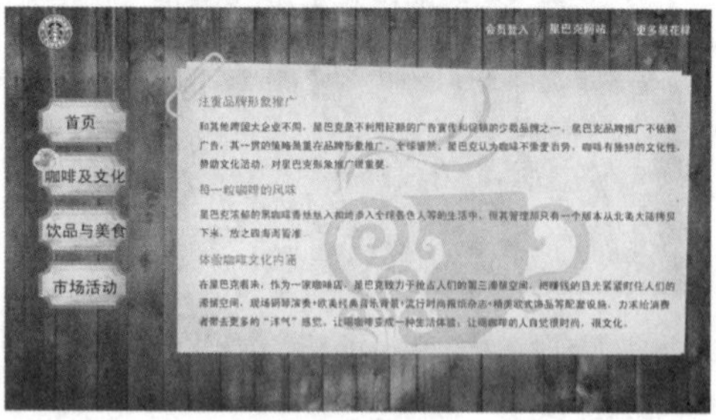

图 9.2.26

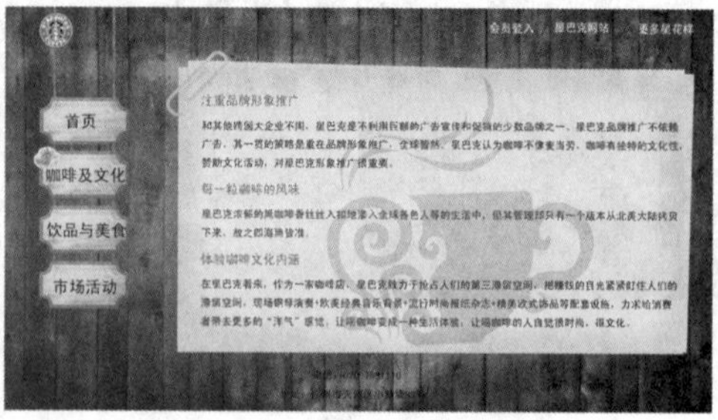

图 9.2.27

STEP13 星巴克“咖啡及文化”二级页面制作完成，按“Ctrl+S”组合键保存。

9.3 “饮品与美食”二级页面制作

最终效果图

STEP1~STEP8 操作步骤参照 9.2 章节的 STEP1~STEP8。

STEP9 选择“矩形选框工具”，绘制出一个矩形，设置前景色为“黄色”，颜色值为“#d3bf93”，如图 9.3.1 所示。按“Ctrl+Delete”组合键填充颜色，效果如图 9.3.2 所示，然后依次复制三个矩形，效果如图 9.3.3 所示。

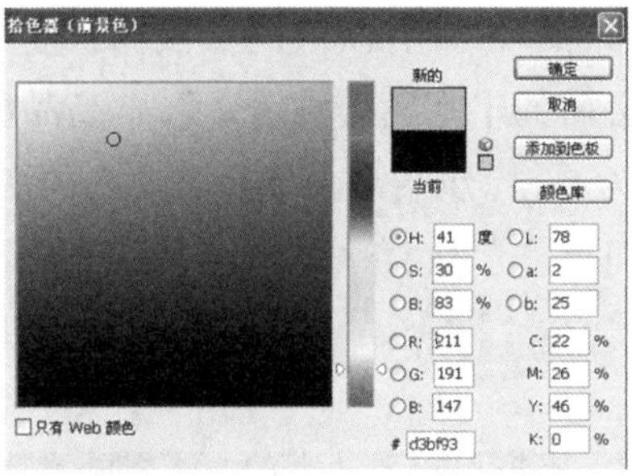

图 9.3.1

图 9.3.2

图 9.3.3

STEP10 按“Ctrl+O”组合键，从星巴克素材库中导入“提拉米苏图.jpg”“香草拿铁图.jpg”“英式红茶图.jpg”和“法式可颂图.jpg”，如图 9.3.4 所示。

图 9.3.4

STEP11 选择“横排文字工具” T ，设置前景色为“绿色”，颜色值为“#006644”，参数如图 9.3.5 所示。输入“星巴克经典提拉米苏”“香草拿铁”“英式红茶”“法式可颂”，设置字体为“黑体”，大小为“19 点”，如图 9.3.6 所示。输入“采用了传统的意式配方，加入了意大利马斯卡朋奶酪里面的手指饼干浸入用星冰乐咖啡粉制成的醇厚咖啡糖浆，使这款食品成为星巴克的独有。”“在冰拿铁中特别加入香草糖浆的风味。香醇浓郁的意式浓缩咖啡加之纯正香浓的新鲜牛奶，香气四溢口感丰富，令人爱不释口。”“这款红茶口味香醇，带有淡淡的黑焦糖、麦芽味以及微妙的烟熏味。可与牛奶完美搭配。红茶含有人体所必需的丰富营养成分。”“高品质黄油香甜果酱精心采用地道法式工艺，以法国进口高品质黄油为原料，烘焙出色泽金黄诱人的法式可颂，酥脆外壳配以香甜果酱或浓郁黄油，更衬托内里松软口感。”设置字体颜色为“黑色”，效果如图 9.3.7 所示。

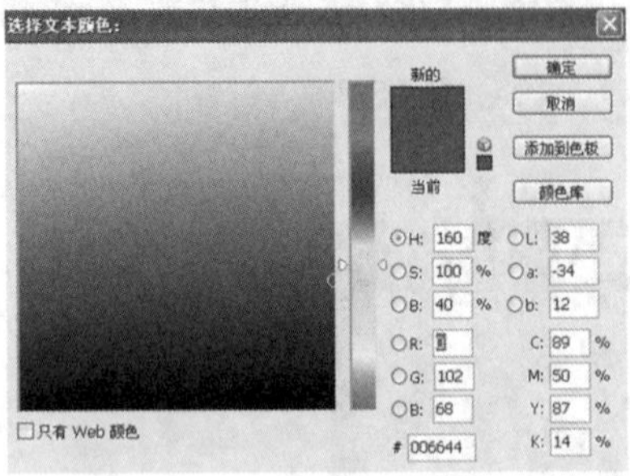

图 9.3.5

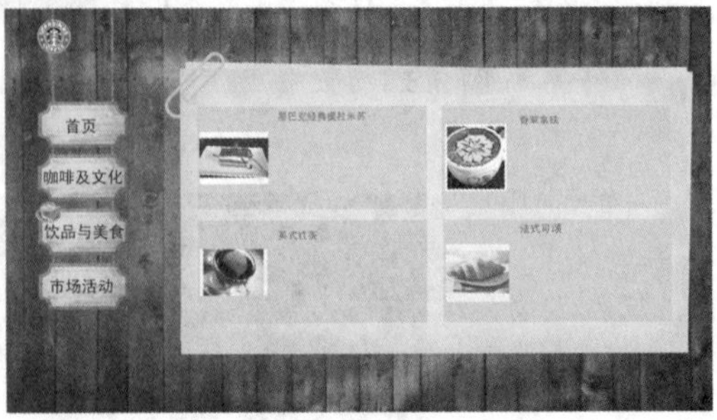

图 9.3.6

图 9.3.7

STEP12 新建“图层 2”，按“Ctrl+O”组合键，从星巴克素材库中导入“咖啡背景图 .jpg”做纸张的背景，并设置“图层 2”的不透明度为 25%，如图 9.3.8 所示，效果如图 9.3.9 所示。

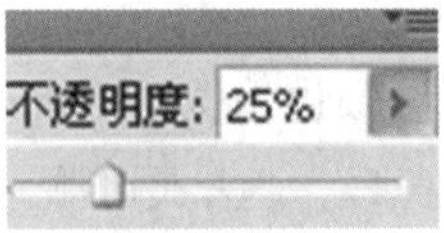

图 9.3.8　　图 9.3.9

STEP13 在“图层”面板中新建一个图层，命名为“导航 2”，选择“画笔工具”，绘制出两条斜线为导航的分割线，然后选择“横排文字工具”T，分别输入“会员登入”“星巴克网站”“更多星花样”，设置字体颜色为“白色”，效果如图 9.3.10 所示。

STEP14 选择“横排文字工具”T，分别输入“电话：020–7891110”“地址：广州市天河区小新塘 53 号”，设置字体颜色为“黑色”，然后把文字拉到网页的下方，效果如图 9.3.11 所示。

图 9.3.10

图 9.3.11

STEP15 星巴克“饮品与美食”二级页面制作完成，按“Ctrl+S”组合键保存。

9.4 “市场活动”二级页面制作

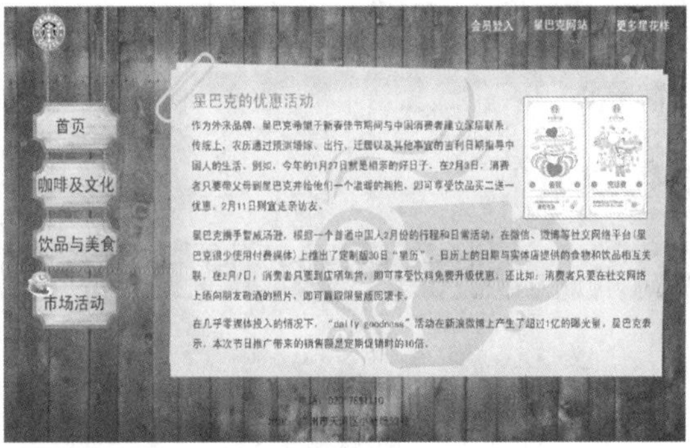

最终效果图

STEP1~STEP8 操作步骤参照 9.2 章节的 STEP1~STEP8。

STEP9 选择“横排文字工具”T，设置前景色为“绿色”，颜色值为“#006644”，参数如图 9.4.1 所示。输入“星巴克的优惠活动”，设置字体为“黑体”，字体大小为“30 点”，如图 9.4.2 所示。输入“作为外来品牌，星巴克希望于新春佳节期间与中国消费者建立深层联系。传统上，农历通过预测婚嫁、出行、迁居以及其他事宜的吉利日期指导中国人的生活。例如，今年的 1 月 27 日就是相亲的好日子，在 2 月 3 日，消费者只要带父母到星巴克并给他们一个温暖的拥抱，即可享受饮品买二送一优惠。2 月 11 日则宜走亲访友。”“星巴克携手智威汤逊，根据一个普通中国人 2 月份的行程和日常活动，在微信、微博等社交网络平台 (星巴克很少使用付费媒体) 上推出了定制版 30 日‘星历’。日历上的日期与实体店提供的食物和饮品相互关联。在 2 月 7 日，消费者只要到店晒年货，即可享受饮料免费升级优惠。还比如：消费者只要在社交网络上晒向朋友敬酒的照片，即可赢取限量版回馈卡。”“在几乎零媒体投入的情况下，‘daily goodness’活动在新浪微博上产生了超过 1 亿的曝光量。星巴克表示，本次节日推广带来的销售额是定期促销时的 10 倍。”设置字体颜色为“黑色”，效果如图 9.4.3 所示。

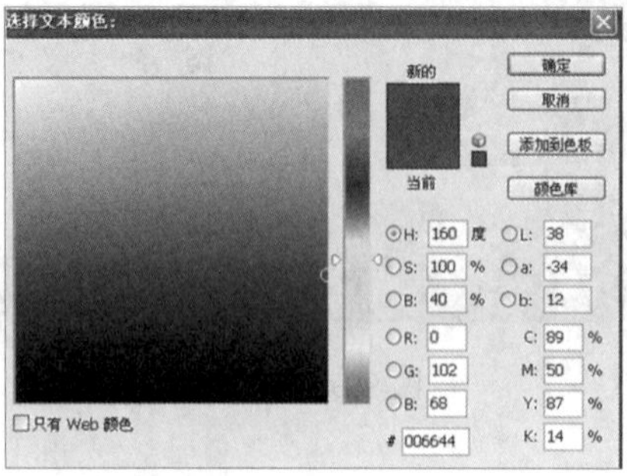

图 9.4.1

图 9.4.2

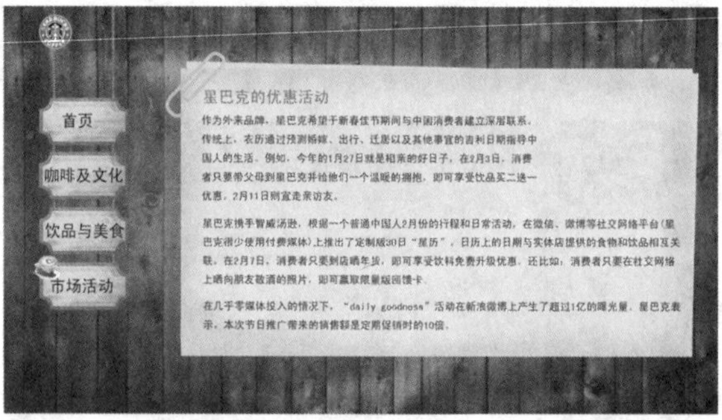

图 9.4.3

STEP10 新建“图层 2”，按“Ctrl+O”组合键，从星巴克素材库中导入“咖啡背景图 .jpg”做纸张的背景，并设置“图层 2”的不透明度为 25%，如图 9.4.4 所示，效果如图 9.4.5 所示。

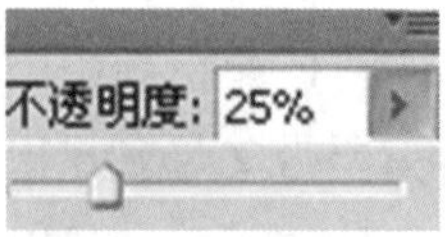

图 9.4.4

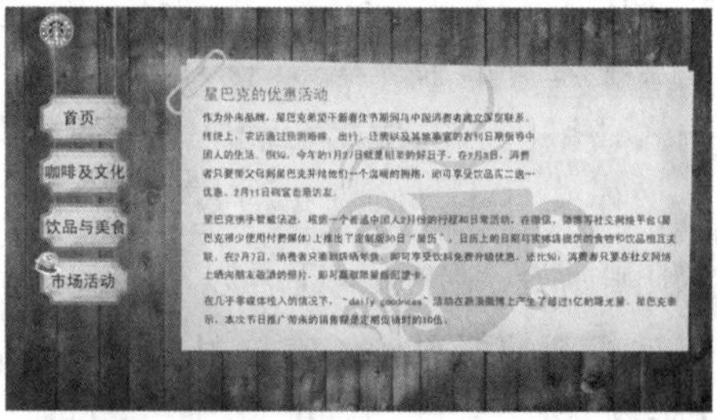

图 9.4.5

STEP11 按“Ctrl+O”组合键，从星巴克素材库中导入“星巴克爱我日历图 .jpg”和“星巴克充话费日历图 .jpg”，如图 9.4.6 所示。

STEP12 在“图层”面板中新建一个图层，命名为“导航 2”，选择画笔工具，绘制出两条斜线为导航的分割线，然后选择“横排文字工具”T，分别输入“会员登入”“星巴克网站”“更多星花样”，设置字体颜色为“白色”，效果如图 9.4.7 所示。

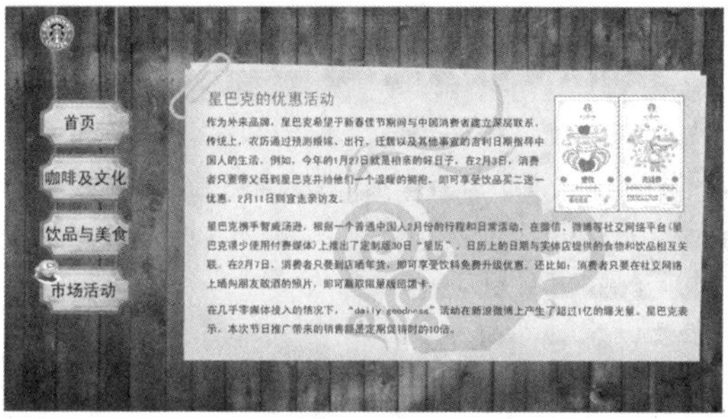
星巴克的优惠活动
首页
咖啡及文化
饮品与美食
市场活动

图 9.4.6

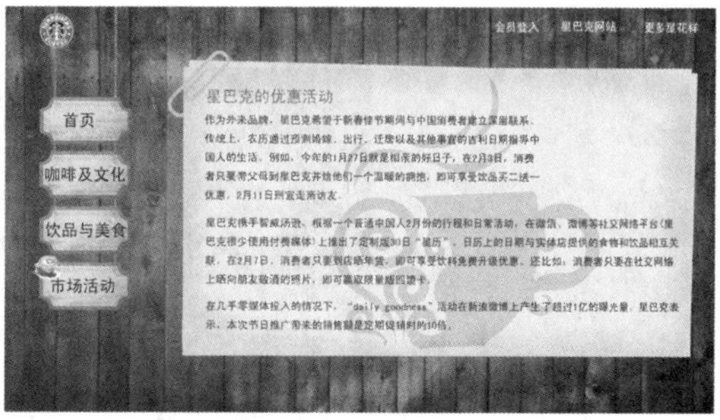
会员登入
星巴克网站
更多星花样
星巴克的优惠活动
首页
咖啡及文化
饮品与美食
市场活动

图 9.4.7

STEP13 选择“横排文字工具”T，分别输入“电话：020–7891110”“地址：广州市天河区小新塘 53 号”，设置字体颜色为“黑色”，然后把文字拉到网页的下方，效果如图 9.4.8 所示。

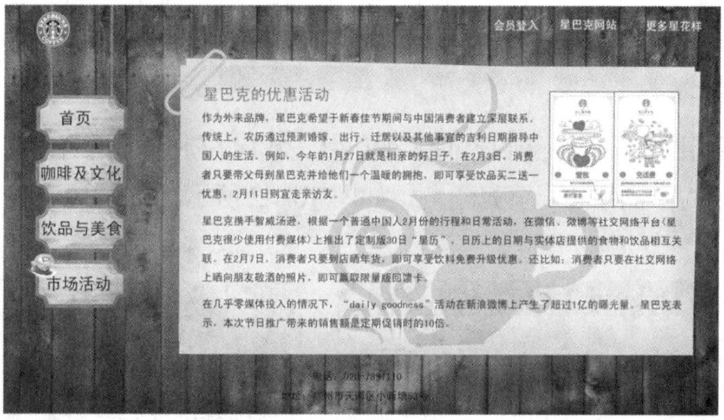
会员登入
星巴克网站
更多星花样
首页
咖啡及文化
饮品与美食
市场活动
星巴克的优惠活动
作为外来品牌，星巴克希望于新春佳节期间与中国消费者建立深层联系。传统上，农历通过预测婚嫁、出行、迁居以及其他事宜的吉利日期指导中国人的生活。例如，今年的1月27日就是相亲的好日子，在2月3日，消费者只要带父母到星巴克并给他们一个温暖的拥抱，即可享受饮品买二送一优惠。2月11日则宜走亲访友。
星巴克携手智威汤逊，根据一个普通中国人2月份的行程和日常活动，在微信、微博等社交网络平台（星巴克很少使用付费媒体）上推出了定制版30日“星历”。日历上的日期与实体店提供的食物和饮品相互关联。在2月7日，消费者只要到店晒年货，即可享受饮料免费升级优惠。还比如：消费者只要在社交网络上晒向朋友敬酒的照片，即可赢取限量版回馈卡。
在几乎零媒体投入的情况下，“daily goodness”活动在新浪微博上产生了超过1亿的曝光量。星巴克表示，本次节日推广带来的销售额是定期促销时的10倍。

图 9.4.8

STEP14 星巴克“市场活动”二级页面制作完成，按“Ctrl+S”组合键保存。

10 大禾寿司品牌网页美工设计

10.1 大禾寿司首页制作

最终效果图

STEP1 打开 Photoshop CS4，在 Photoshop CS4 中新建一个“宽度”和“高度”分别为 1280 像素和 960 像素，“分辨率”为 300 像素 / 英寸的白色背景文档，单击“确定”按钮，参数如图 10.1.1 所示。

STEP2 新建“图层 1”，设置前景色颜色值为“#FDF6EB”，选择“油漆桶工具”或按“Alt+Delete”组合键为“图层 1”填充颜色，如图 10.1.2 所示。

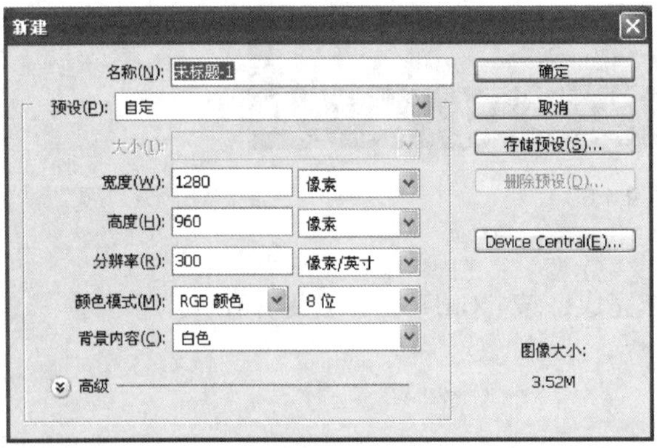

图 10.1.1

图 10.1.2

STEP3 新建“图层 2”，选择“钢笔工具”，画出如图 10.1.3 所示的形状，按 “Ctrl+Enter”组合键把形状路径转为“蚂蚁线”，设置前景色颜色值为“#cc011e”，按“Alt+Delete”组合键为“图层 2”填充颜色，按“Ctrl+D”组合键取消“蚂蚁线”。双击“图层 2”，选择“投影”样式，参数设置如图 10.1.4 所示，单击“确定”按钮，效果如图 10.1.5 所示。

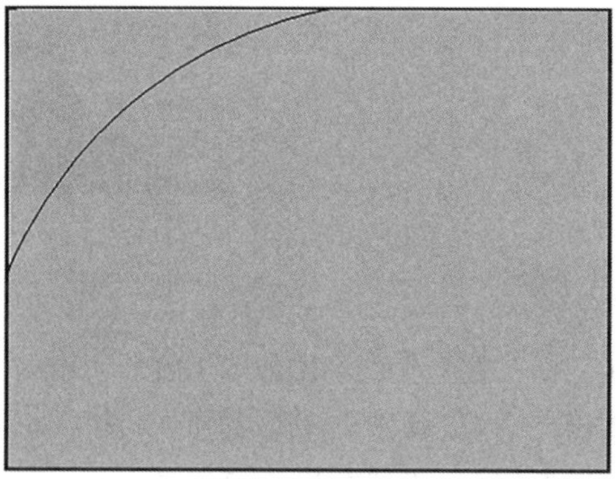

图 10.1.3

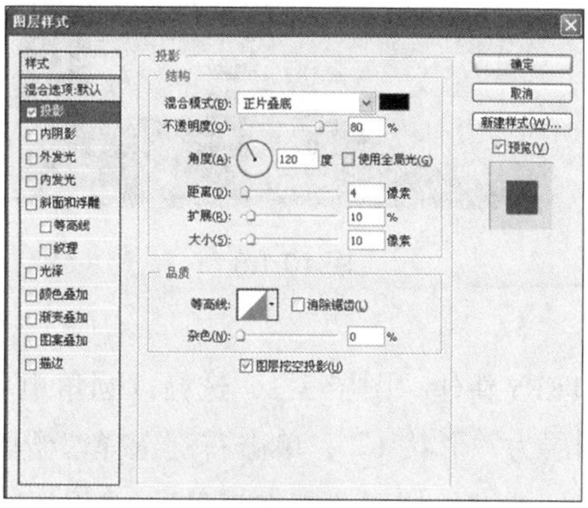

图 10.1.4

图 10.1.5

STEP4 选中“图层 2”，在图层上单击右键，选择“复制图层”，或按“Ctrl+J”组合键复制“图层 2”，得到“图层 2 副本”。点击“图层 2 副本”，按“Ctrl+T”组合键，右键点击“水平翻转”和“垂直翻转”，如图 10.1.6 所示，调整位置为画面右下角，按“Enter”键确定，如图 10.1.7 所示。

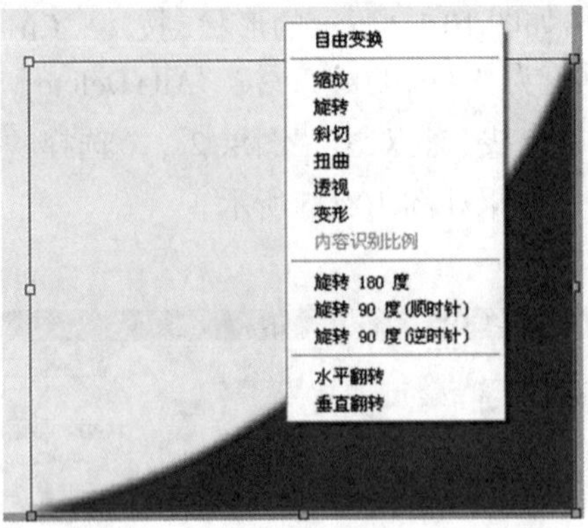

图 10.1.6

图 10.1.7

STEP5 新建“图层 3”，选择“圆角矩形工具”，在画面中画出如图 10.1.8 所示的图形，命名图层为“形状 1”，单击右键选择“栅格化图层”。将鼠标移至“形状 1”，按“Ctrl”键，点击鼠标左键，选择“渐变工具”设置为“线性渐变”，设置前景色颜色值为“#e1cfad”，背景色颜色值为“#b28a3c”，单击“确定”，填充并调整颜色，效果如图 10.1.9 所示，将“形状 1”图层调整到适当位置。

图 10.1.8

图 10.1.9

STEP6 新建“图层 4”，选择“矩形选框工具”，画出一条与图 10.1.9 长度、宽度一样的条形形状，设置前景色颜色值为 “#efe2bd”并填充。复制“图层 4”，得到“图层 4”的“副本 1”和“副本 2”，将三个图层移到适当位置，如图 10.1.10 所示。

STEP7 新建“图层 5”，选择“矩形选框工具”，画出如图 10.1.10 所示第一格大小的长方形，设置前景色颜色值为“#ac031b”，按“Alt+Delete”组合键为“图层 5”填充颜色，移到第一格所在位置，效果如图 10.1.11 所示。

图 10.1.10

图 10.1.11

STEP8 新建“图层 6”，选择“矩形选框工具”，画出一个矩形，设置前景色颜色值为“#ebe7c4”，按“Alt+Delete”组合键为“图层 6”填充颜色，如图 10.1.12 所示。从图片素材库中导入“图片 1.jpg”，将图层命名为“图片 1”，调整图片大小和位置，使图片比“图层 6”中的矩形小 5 个像素，如图 10.1.13 所示。

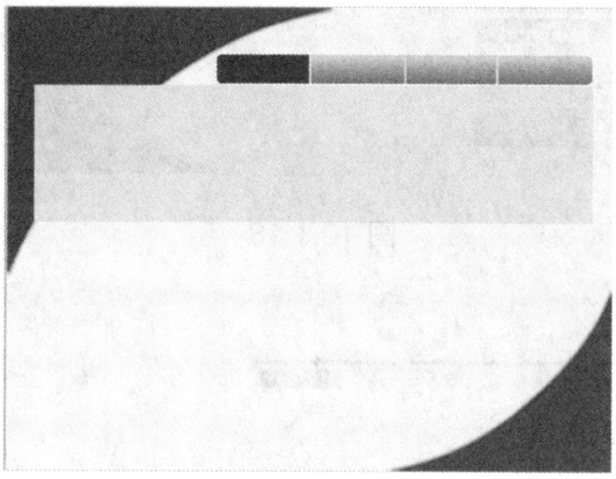

图 10.1.12

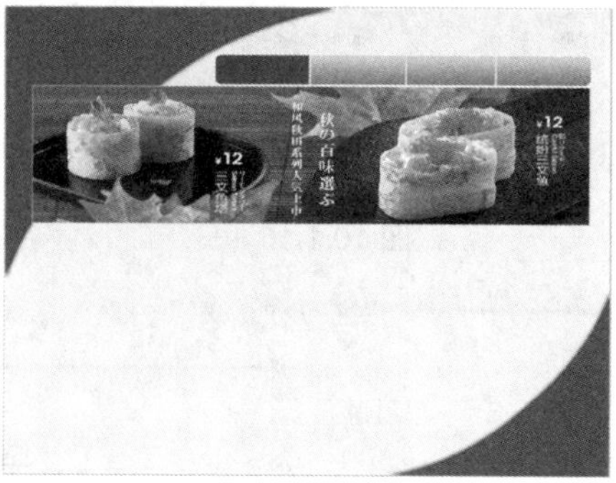

图 10.1.13

STEP9 新建“图层 7”，选择“椭圆选框工具”，画出一个小圆并填充“白色”，调整大小和位置，按“Ctrl+J”组合键复制“图层 7”两次，得到“图层 7”的“副本 1”和“副本 2”，把“副本 1”移到“图层 7”的右边，选中“副本 2”，设置前景色颜色值为“#ef0009”并填充，将“副本 2”移到“图层 7”左边，效果如图 10.1.14 所示。

STEP10 新建“图层 8”，选择“矩形选框工具”，画出一个矩形，设置前景色颜色值为“#ebe7c4”并填充，效果如图 10.1.15 所示。

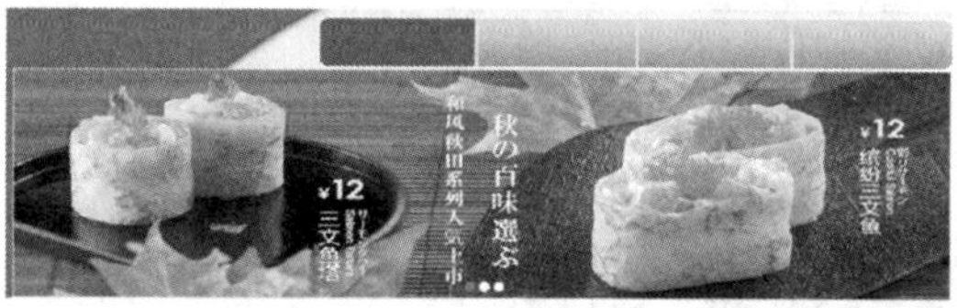

图 10.1.14

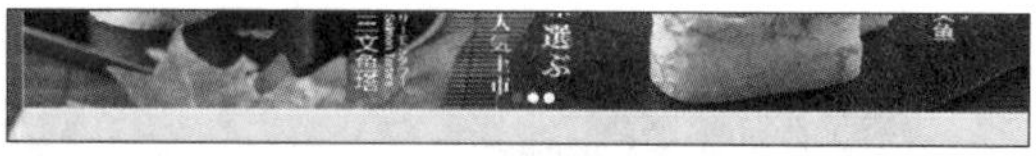

图 10.1.15

STEP11 新建“图层 9”，选择“矩形选框工具”，画出一个矩形，设置前景色颜色值为“#830508”并填充，调整大小和位置，双击“图层 9”，选择“投影”样式，参数如图 10.1.16 所示。单击“确定”按钮，效果如图 10.1.17 所示。

STEP12 从图片素材库中导入“图片 2.jpg”，将图层命名为“图片 2”，调整图片大小，并把“图片 2”图层移到画面的左下角，如图 10.1.18 所示。

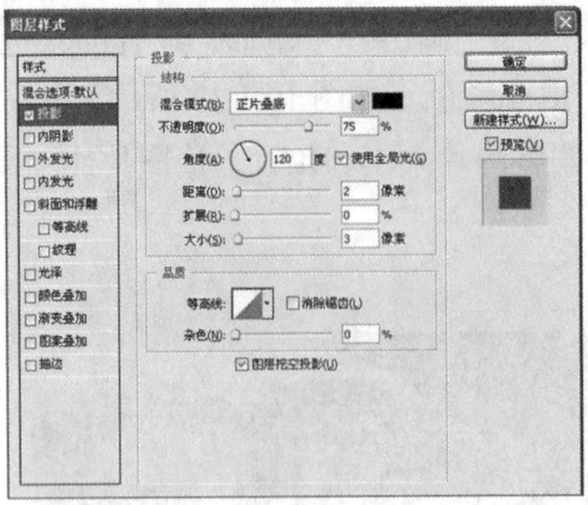

图 10.1.16

图 10.1.18

图 10.1.17

STEP13 点击工具栏的“前景色”，设置颜色值为“#a00c15”，选择“圆角矩形工具”，画出一个圆角矩形，长为“图层 8”的 3/4，将图层命名为“形状 2”，单击右键选择“栅格化图层”。选择“矩形选框工具”，画出一个矩形，移到“形状 2”图层一半的位置，如图 10.1.19 所示，按“Delete”键删除所选区域，再把“形状 2”图层移到如图 10.1.20 所示位置。

STEP14 新建“图层 10”，选择“矩形选框工具”，画出一个长与“形状 2”图层一样的矩形，设置颜色为“白色”，颜色值为“#ffffff”，并按“Alt+Delete”组合键填充颜色，移到如图 10.1.21 所示位置。

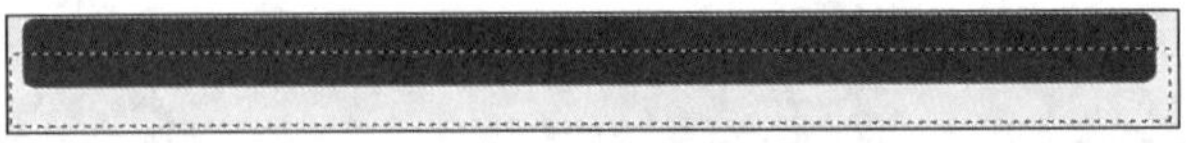

图 10.1.19

图 10.1.20

图 10.1.21

STEP15 从图片素材库中导入“logo.jpg”，将图层命名为“logo”，按“Ctrl”键，点击鼠标左键选中图片，设置颜色为“白色”，颜色值为“#ffffff”，并按“Alt+Delete”组合键填充颜色，将图片移至画面的左上角，如图 10.1.22 所示。

STEP16 在工具栏中选用“横排文字工具” T，字体为“黑体”，从文字素材库选择文字，输入如图 10.1.23 所示文字并移到相应位置。

图 10.1.22

图 10.1.23

STEP17 大禾寿司首页制作完成，按“Ctrl+S”组合键保存。

10.2 “餐单”二级页面制作

最终效果图

STEP1~STEP7 操作步骤参照 10.1 章节的 STEP1~STEP7。

STEP8 新建“图层 6”，选择“矩形选框工具”，画出一个矩形，设置前景色颜色值为“#ebe7c4”，按“Alt+Delete”组合键为“图层 6”填充颜色，如图 10.2.1 所示。从图片素材库中导入“图片 3.jpg”，将图层命名为“图片 3”，调整大小和位置，使图片比“图层 6”中的矩形小 5 个像素，如图 10.2.2 所示。

图 10.2.1

图 10.2.2

STEP9 点击工具栏的“前景色”，设置颜色值为“#a00c15”，选择“圆角矩形工具”，画出一个圆角矩形，将图层命名为“形状 2”，单击右键选择“栅格化图层”。选择“矩形选框工具”，画出一个矩形，移到“形状 2”图层一半的位置，如图 10.2.3 所示，按“Delete”键删除所选区域，再把“形状 2”图层移到如图 10.2.4 所示位置。

STEP10 新建“图层 7”，选择“矩形选框工具”，画出一个比“形状 2”图层长一点的矩形，设置颜色为“白色”，颜色值为“#ffffff”，并按“Alt+Delete”组合键填充颜色，移到如图 10.2.5 所示位置。

图 10.2.3

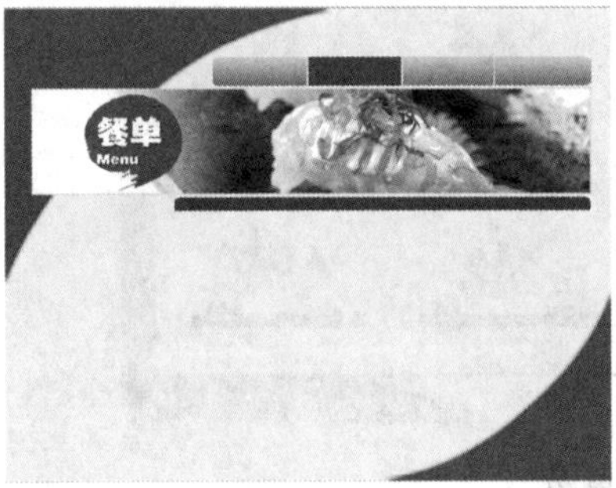

图 10.2.4

图 10.2.5

STEP11 新建“图层 8”，选择“圆角矩形工具”，画出一个圆角矩形，将图层命名为“形状 3”，单击右键选择“栅格化图层”。在“图层 8”上选择“矩形选框工具”，画出一个矩形，移到“形状 3”一半的位置，如图 10.2.6 所示，按“Delete”键删除所选区域，再把“形状 3”图层移到如图 10.2.7 所示位置。

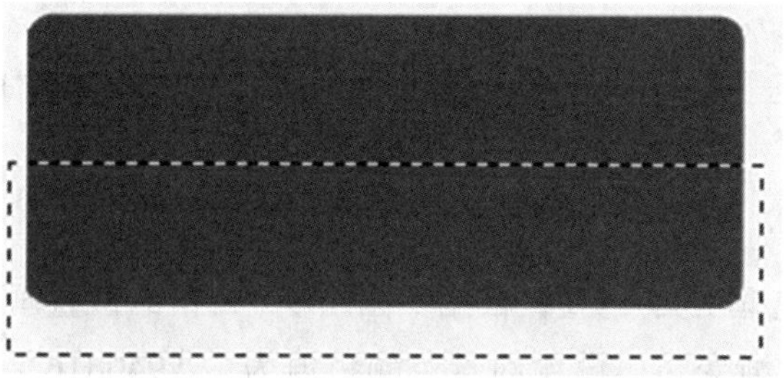

图 10.2.6

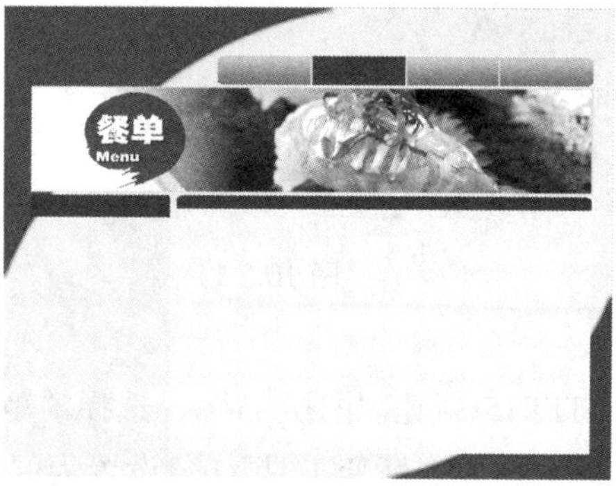

图 10.2.7

STEP12 新建“图层 9”，选择“矩形选框工具”，画出一个矩形，设置前景色颜色值为“#ebe7c4”，并按“Alt+Delete”组合键填充颜色，移到“形状 3”下一点的位置，如图 10.2.8 所示。继续选用“矩形选框工具”画出如图 10.2.9 所示的九个矩形，按“Delete”键删除所选部分，效果如图 10.2.10 所示。

图 10.2.8

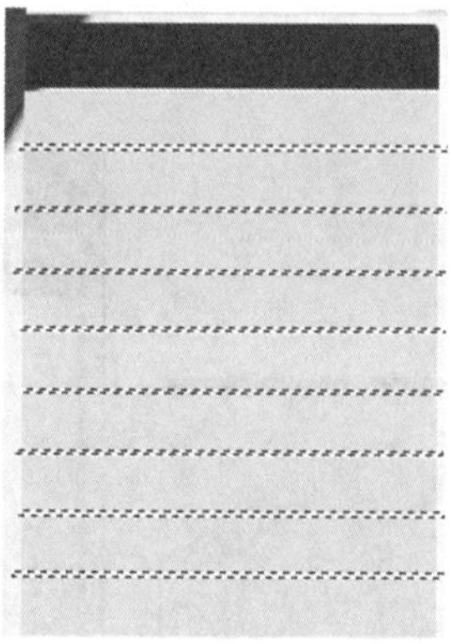

图 10.2.9

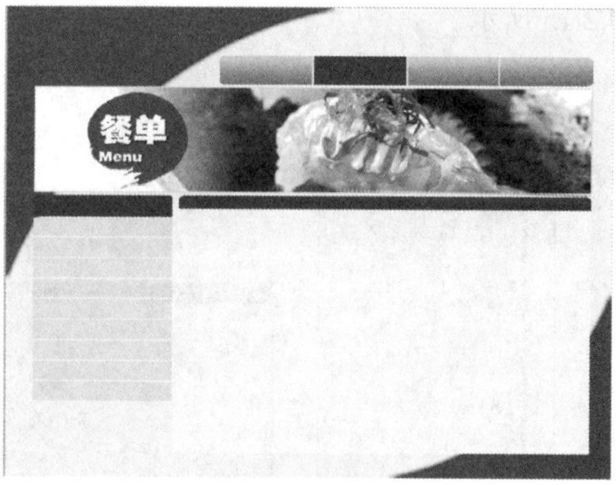

图 10.2.10

STEP13 新建“图层 10”，选择“矩形选框工具”，画出一个长与“图层 9”相等的矩形，设置前景色颜色值为“#f7f7f6”，按“Alt+Delete”组合键填充颜色，位置如图 10.2.11 所示。

STEP14 从图片素材库中导入“logo.jpg”，将图层命名为“logo”，按“Ctrl”键，点击鼠标左键选中图片，设置颜色为“白色”，颜色值为“#ffffff”，并按“Alt+Delete”组合键填充颜色，将图片移至画面的左上角，如图 10.2.12 所示。

图 10.2.11

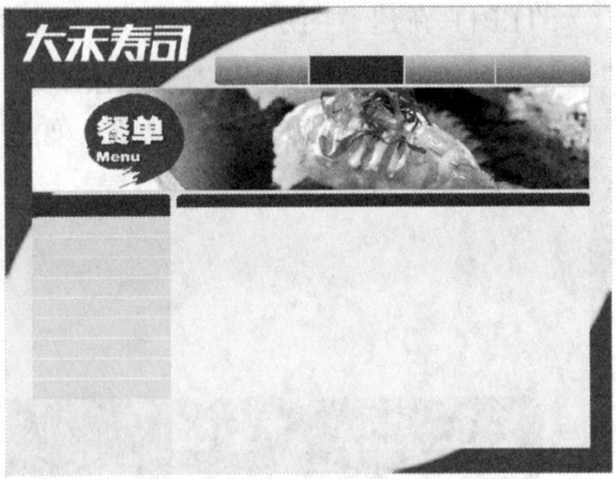

图 10.2.12

STEP15 新建“图层 11”，选择“矩形选框工具”，根据“图层 9”每格的位置画出一个矩形，选择“渐变工具”设置为“线性渐变”，设置前景色颜色值为 “#940d16”，背景色颜色值为“#e01617”，单击“确定”，填充并调整颜色，效果如图 10.2.13 所示。

STEP16 新建图层，将图层命名为“图层 12a”，选择“矩形选框工具”，画出与“图层 11”同长的矩形。复制“图层 12a”，为“图层 12a”的“副本 1”。选中“副本 1”，按“Ctrl+J”组合键，然后将“副本 1”旋转 90°，调整位置与长度。同时选中两个图层，右键点击“合并图层”，将合并后的图层命名为“图层 12”，效果如图 10.2.14 所示。

STEP17 新建“图层 13”，选择“矩形选框工具”，画出与“图层 9”第一格一样的矩形，设置前景色颜色值为“#a30419”，并按“Alt+Delete”组合键填充颜色，调整位置，如图 10.2.15 所示。

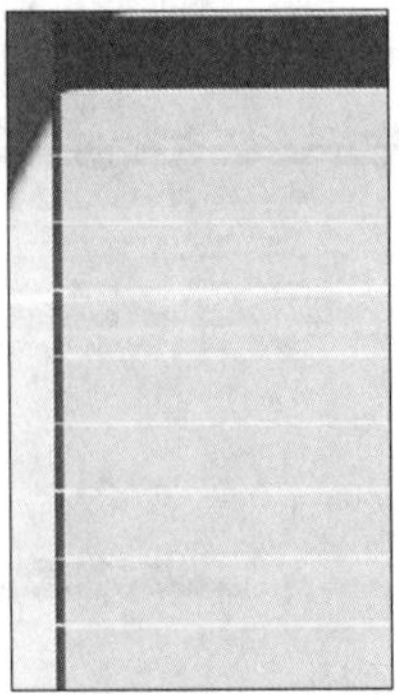

图 10.2.13

图 10.2.14

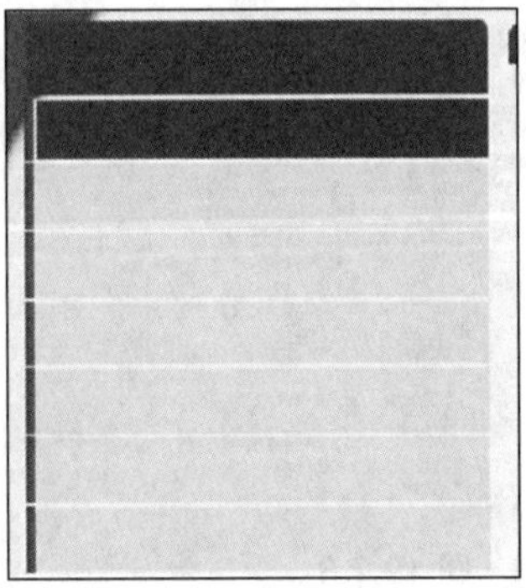

图 10.2.15

STEP18 从图片素材库中导入“图片 4.jpg”“图片 5.jpg”“图片 6.jpg”“图片 7.jpg”“图片 8.jpg”“图片 9.jpg”“图片 10.jpg”“图片 11.jpg”和“图片 12.jpg”，调整图片大小，位置如图 10.2.16 所示。

STEP19 在工具栏中选用“横排文字工具” T，字体为“黑体”，从文字素材库中选择文字，输入如图 10.2.17 所示文字并移到相应位置。

图 10.2.16

图 10.2.17

STEP20 大禾寿司“餐单”二级页面制作完成，按“Ctrl+S”组合键保存。

10.3 “连锁加盟”二级页面制作

最终效果图

STEP1~STEP7 操作步骤参照 10.1 章节的 STEP1~STEP7。

STEP8 新建“图层 6”，选择“矩形选框工具” ，画出一个矩形，设置前景色颜色值为“#ebe7c4”，按“Alt+Delete”组合键为“图层 6”填充颜色，如图 10.3.1 所示。从图片素材库中导入“图片 13.jpg”，将图层命名为“图片 13”，调整大小和位置，使图片比“图层 6”中的矩形小 5 个像素，如图 10.3.2 所示。

图 10.3.1

图 10.3.2

STEP9~STEP17 操作步骤参照 10.2 章节的 STEP9~STEP17。

STEP18 从图片素材库中导入“图片 14.jpg”，将图层命名为“图片 14”，调整图片大小，位置如图 10.3.3 所示。

STEP19 在工具栏中选用“横排文字工具”T，字体为“黑体”，从文字素材库中选择文字，输入如图 10.3.4 所示文字并移到相应位置。

图 10.3.3

图 10.3.4

STEP20 大禾寿司“连锁加盟”二级页面制作完成，按“Ctrl+S”组合键保存。

10.4 “关于大禾”二级页面制作

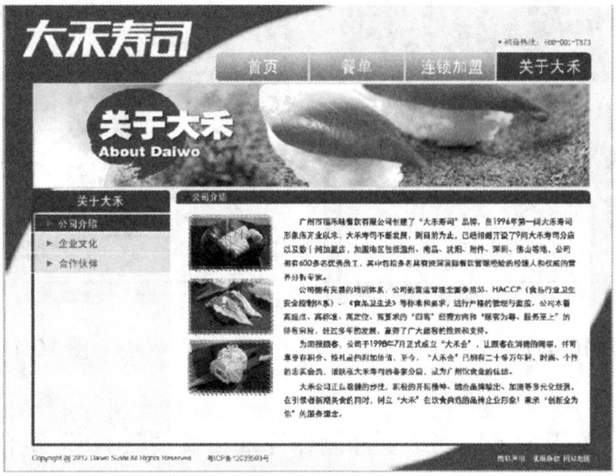

最终效果图

STEP1~STEP7 操作步骤参照 10.1 章节的 STEP1~STEP7。

STEP8 新建“图层 6”，选择“矩形选框工具”，画出一个矩形，设置前景色颜色值为“#ebe7c4”，按“Alt+Delete”组合键为“图层 6”填充颜色，如图 10.4.1 所示。从图片素材库中导入“图片 15.jpg”，将图层命名为“图片 15”，调整大小和位置，使图片比“图层 6”中的矩形小 5 个像素，如图 10.4.2 所示。

图 10.4.1

图 10.4.2

STEP9~STEP17 操作步骤参照 10.2 章节的 STEP9~STEP17。

STEP18 从图片素材库中导入“图片 16.jpg”“图片 17.jpg”“图片 18.jpg”，将三个图层分别命名为“图片 16”“图片 17”和“图片 18”，调整图片大小，位置如图 10.4.3 所示。

STEP19 在工具栏中选用“横排文字工具”T，字体为“黑体”，从文字素材库中选择文字，输入如图 10.4.4 所示文字并移到相应位置。

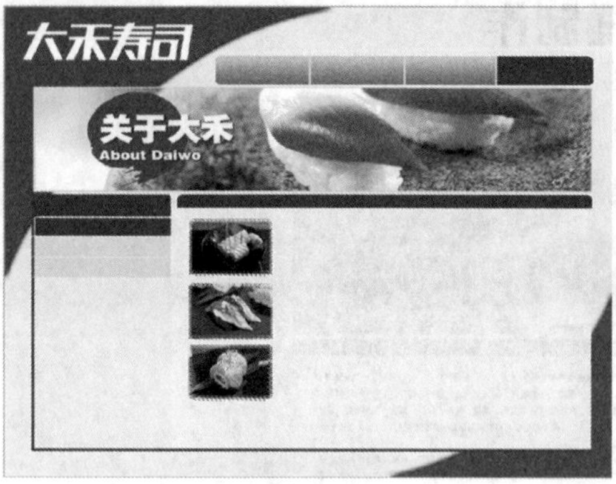

图 10.4.3

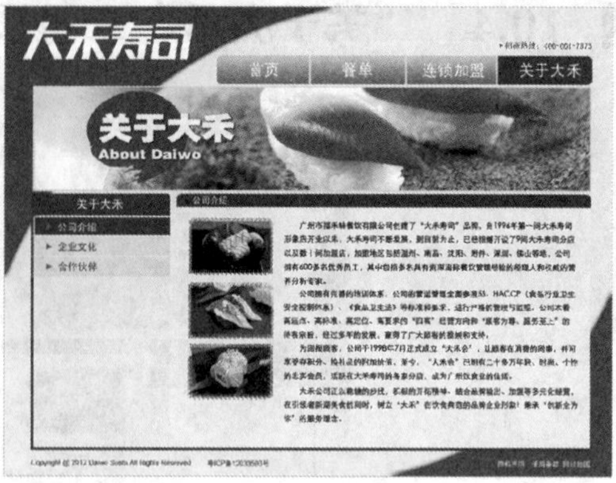

图 10.4.4

STEP20 大禾寿司“关于大禾”二级页面制作完成，按“Ctrl+S”组合键保存。

11 元气寿司品牌网页美工设计

11.1 元气寿司首页制作

最终效果图

STEP1 打开 Photoshop CS4，在 Photoshop CS4 中新建一个“宽度”和“高度”分别为 1360 像素和 768 像素，“分辨率”为 300 像素 / 英寸的白色背景文档，名称为“首页”，如图 11.1.1 所示。

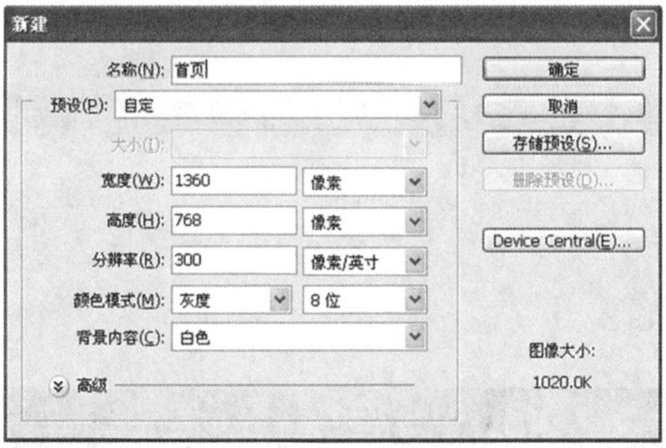

图 11.1.1

STEP2 新建图层，命名为“浅灰背景”。设置前景色为“灰色”，颜色值为“#f1f1f1”，如图 11.1.2 所示。选择“矩形选框工具 ” ，设置样式为“固定大小”，“宽度”和“高度”分别为 1360px 和 485px，如图 11.1.3 所示。绘制一个矩形，在矩形框内填充“前景色”，效果如图 11.1.4 所示。

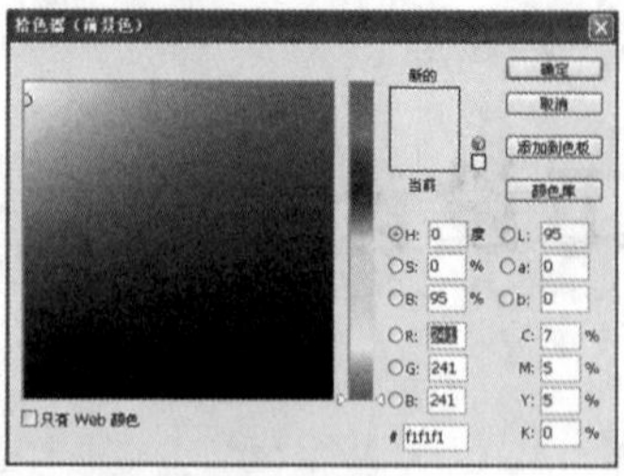

图 11.1.2

图 11.1.3

图 11.1.4

STEP3 新建图层，命名为“深灰背景”，设置前景色为“灰色”，颜色值为“#2f2f2f”。选择“矩形选框工具” ，设置样式为“固定大小”，“宽度”和“高度”分别为 1360px 和 235px，如图 11.1.5 所示。绘制一个矩形，在矩形框内填充“前景色”，如图 11.1.6 所示。

STEP4 新建图层，命名为“黑色背景”，设置前景色为“黑色”，颜色值为“#1f1f1f”。选择“矩形选框工具” ，设置样式为“固定大小”，“宽度”和“高度”分别为 1360px 和 50px。绘制一个矩形，在矩形框内填充“前景色”，如图 11.1.7 所示。

图 11.1.5

图 11.1.6

图 11.1.7

STEP5 新建图层，命名为“淡淡的水墨”，设置前景色颜色值为“#cccccc”。选择“画笔工具”，画笔取样“喷溅”，如图 11.1.8 所示，在“浅灰背景”图层的边上淡淡地抹上几笔，如图 11.1.9 所示。

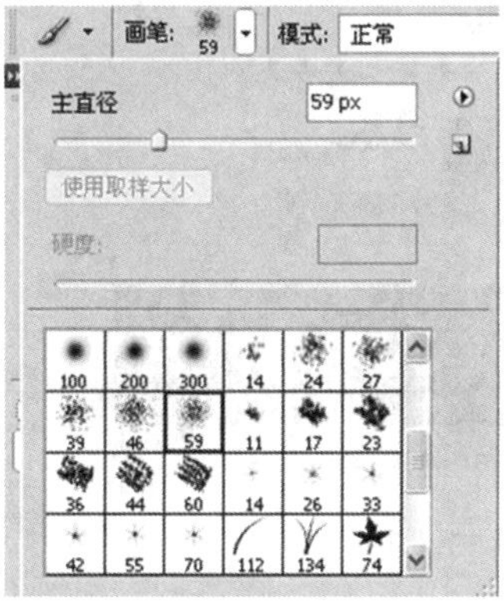

图 11.1.8

图 11.1.9

STEP6 从素材库中导入图片，将图层命名为“LOGO”，使用“魔棒工具”，点击图片中的黄色区域，如图 11.1.10 所示。按“Backspace”键删除选中的区域，如图 11.1.11 所示。把“LOGO”图层放在相应位置，如图 11.1.12 所示。

图 11.1.10

图 11.1.11

图 11.1.12

STEP7 新建图层，命名为“LOGO 红色印记”，选择“画笔工具”，取样“粉笔”，调整画笔大小，画出一个大概的圆，如图 11.1.13 所示。将此图层置于“LOGO”图层的下方，如图 11.1.14 所示。

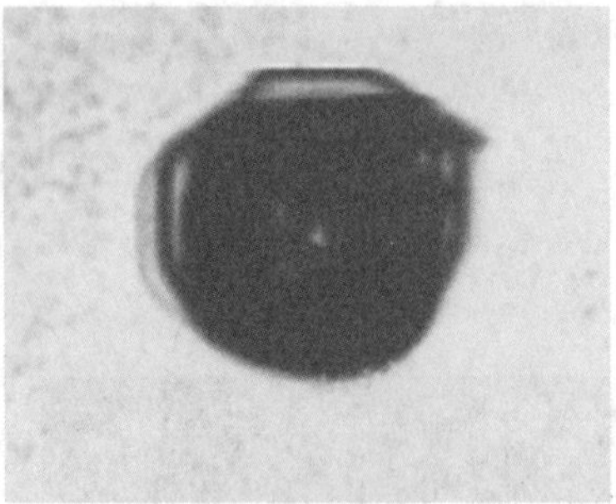

图 11.1.13

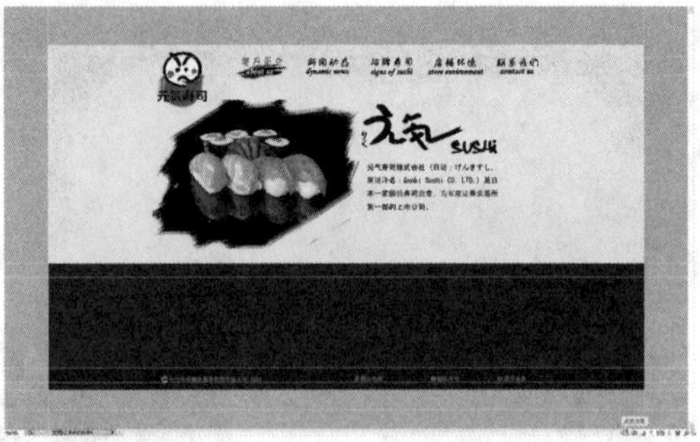

图 11.1.14

STEP8 点击“横排文字工具”，输入“餐厅简介”“新闻动态”“招牌寿司”“店铺环境”“联系我们”，字体为“方正舒体”。“餐厅简介”的颜色为“红色”，颜色值为“#ed0404”，其他文字颜色为“黑色”，颜色值为“#101010”，放在相应的位置，如图 11.1.15 所示。

STEP9 新建图层，命名为“英文导航”，点击“横排文字工具”，输入英文“about us”“dynamic news”“signs of sushi”“store environment”“contact us”，字体为“monotype corsiva”。“about us”颜色为“白色”，颜色值为“# f1f1f1”，其他文字颜色为“黑色”，颜色值为“# 101010”，放在相应的位置，如图 11.1.16 所示。

图 11.1.15

图 11.1.16

STEP10 新建图层，命名为“黑色水墨”，设置前景色颜色值为“#000000”。选择“画笔工具”，画笔取样“喷溅”，如图 11.1.17 所示。在英文“about us”上画一笔，将此图层置于“英文导航”图层下方，如图 11.1.18 所示。

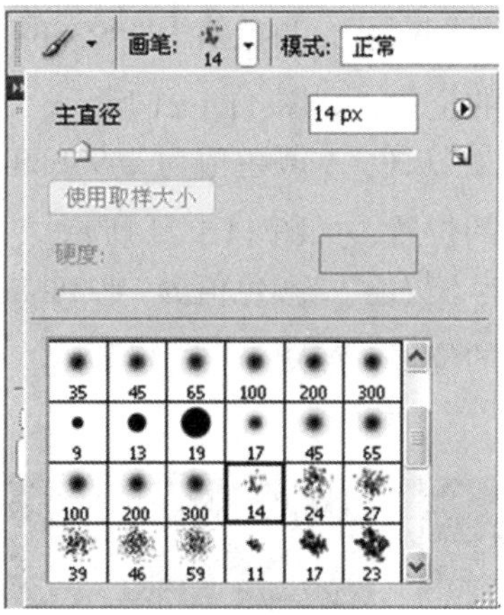

图 11.1.17

图 11.1.18

STEP11 新建图层，命名为“服务管理”，点击“横排文字工具”，输入“元气寿司餐饮服务管理有限公司 2011”“网站地图”“隐私申明”“使用条款”，设置字体为“宋体”，字体颜色为“灰色”，颜色值为“# 938b8b”，如图 11.1.19 所示。

图 11.1.19

STEP12 新建图层，命名为“C”，设置前景色为“灰色”，颜色值为“#938b8b”，用“钢笔工具”绘制一个图案，填充“前景色”，放在相应的位置，如图 11.1.20 所示。

图 11.1.20

STEP13 新建图层，命名为“网站地图 LOGO”，设置前景色为“灰色”，颜色值为“#938b8b”，用“钢笔工具”绘制一个图案，填充“前景色”，放在相应的位置，如图 11.1.21 所示。

STEP14 新建图层，命名为“隐私申明 LOGO”，设置前景色为“灰色”，颜色值为“#938b8b”，用“钢笔工具”绘制一个图案，填充“前景色”，放在相应的位置，如图 11.1.22 所示。

STEP15 新建图层，命名为“使用条款 LOGO”，设置前景色为“灰色”，颜色值为“#938b8b”，用“钢笔工具”绘制一个图案，填充“前景色”，放在相应的位置，如图 11.1.23 所示。

图 11.1.21

图 11.1.22

图 11.1.23

STEP16 从素材库中导入图片，将图层命名为“寿司图”，点击“橡皮擦工具”，取样“喷溅”，如图 11.1.24 所示。调整画笔大小，在图片的边上擦去几笔，放在相应的位置，如图 11.1.25 所示。

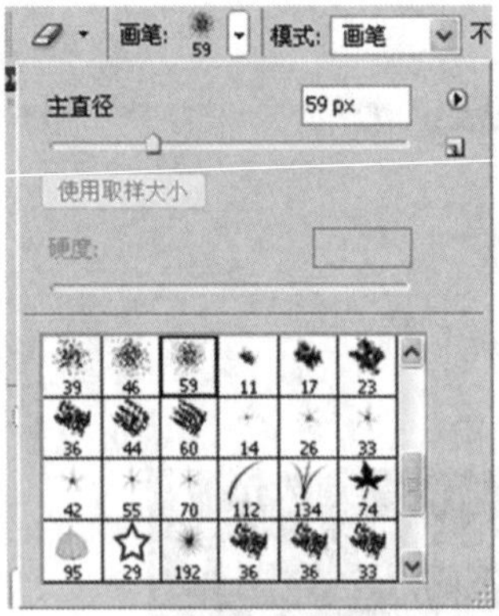

图 11.1.24

图 11.1.25

STEP17 新建图层，命名为“元气”，设置前景色为“黑色”，颜色值为“#000000”， 使用“画笔工具”，取样“粉笔”，如图 11.1.26 所示。调整画笔大小，在“寿司图”图层的右边写上“元気”，如图 11.1.27 所示。

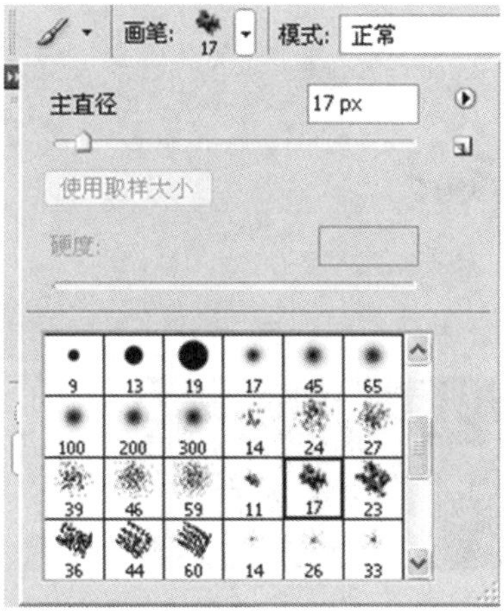

图 11.1.26　　　　图 11.1.27

STEP18 新建图层，命名为“SUSHI”，设置前景色为“黑色”，颜色值为“#000000”，使用“画笔工具” ，取样“粉笔”，如图 11.1.28 所示。调整画笔大小，在“元气”图层的右边写上“SUSHI”，如图 11.1.29 所示。

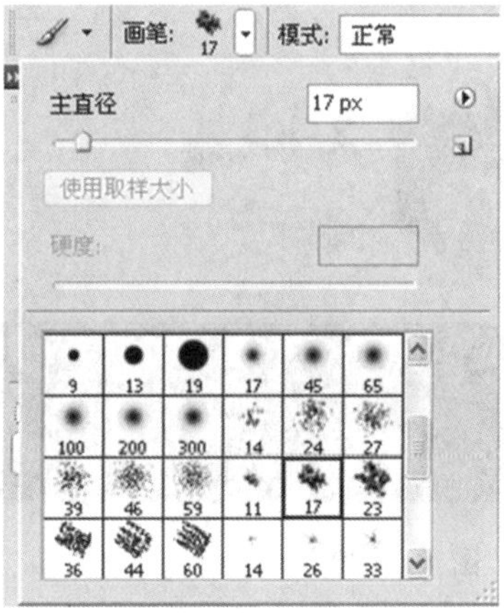

图 11.1.28　　　　图 11.1.29

STEP19 选择“横排文字工具” T，输入“元气寿司株式会社（日语：げんきすし，英语译名：Genki Sushi CO.，LTD.）是日本一家回转寿司业者，为东京证券交易所第一部的上市公司。”设置字体为“M S ゴシック”，字体颜色为“黑色”，字体大小为“4 点”，如图 11.1.30 所示。

图 11.1.30

STEP20 新建图层，命名为“红色水墨”，设置前景色为“黑色”，颜色值为“#e40606”，使用“画笔工具”，取样“干边深描油彩笔”，如图 11.1.31 所示。调整画笔大小，在画面中画上两笔，如图 11.1.32 所示。

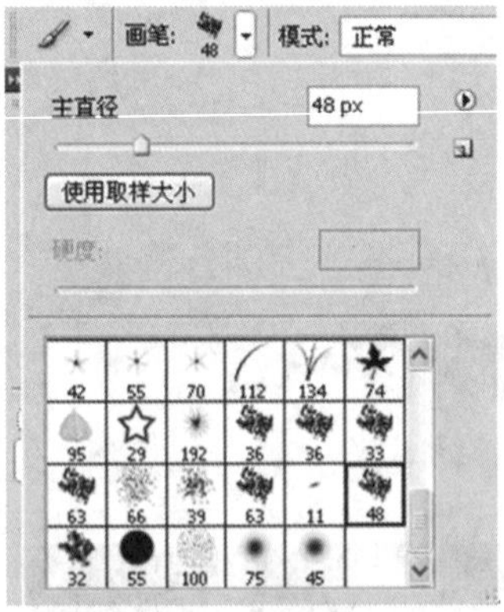

图 11.1.31

图 11.1.32

STEP21 选择“横排文字工具”，输入“餐厅の历史”，设置字体为“Adobe 楷体 Std”字体颜色为“白色”，字体大小为“8 点”，如图 11.1.33 所示。

STEP22 选择“横排文字工具”，输入“1968 年 12 月，当年 23 岁的寿司师傅齐藤文男开设了东武堂 (Tobu-ten) 寿司店，使用一种名为‘回转’(Kaiten) 的新发明，成为其中一间率先使用回转带的寿司店。回转寿司在日本快速增长，越来越多的回转寿司店开设在栃木县宇都宫市，而东武堂则在关东地区成为家喻户晓的名字。”设置字体为“M S ゴシック”，字体颜色为“白色”，字体大小为“3 点”，如图 11.1.34 所示。

图 11.1.33

图 11.1.34

STEP23 选择“横排文字工具”，输入“More”，设置字体为“Courier”，字体颜色为“白色”，字体大小为“4 点”，如图 11.1.35 所示。

STEP24 新建图层，命名为“分割线”，设置前景色为“灰色”，颜色值为“#746969”，使用“矩形选框工具”，拉出一个细长的长方形，填充“前景色”，如图 11.1.36 所示。

图 11.1.35

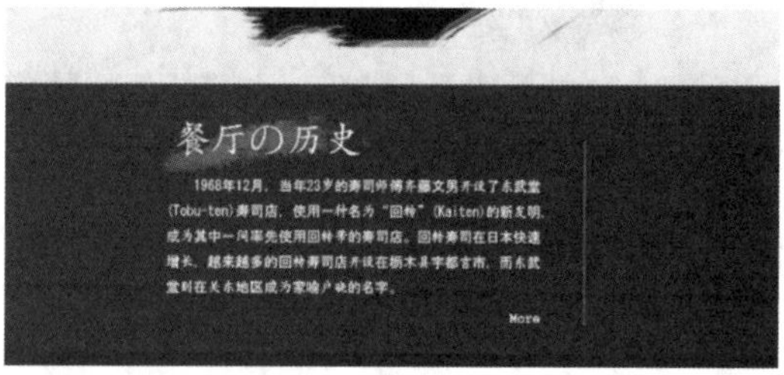

图 11.1.36

STEP25 在素材库中打开图片，使用“矩形选框工具”，将图片选中的区域删除掉，把图片放在相应的位置，如图 11.1.37 所示。

STEP26 新建图层，命名为“方框 1”。设置前景色为“灰色”，颜色值为“#3c3c3c”，选择“矩形选框工具 ”，设置样式为“固定大小”，“宽度”和“高度”分别为 298px 和 86px，绘制一个矩形，在矩形框内填充“前景色”，如图 11.1.38 所示。

图 11.1.37

图 11.1.38

STEP27 复制“方框 1”图层，命名为“方框 2”，置于“方框 1”图层下方，如图 11.1.39 所示。

STEP28 新建图层，命名为“小箭头 1”，设置前景色为“白色”，颜色值为“#ffffff”，使用“钢笔工具”绘制一个三角形，填充“前景色”，如图 11.1.40 所示。

图 11.1.39

图 11.1.40

STEP29 复制“小箭头 1”图层，命名为“小箭头 2”，置于“小箭头 1”图层下方，如图 11.1.41 所示。

STEP30 选择“横排文字工具”，输入“外文名称”“Genki Sushi CO., LTD”“公司名称”“元气寿司”“总部地点”“日本”，设置字体为“宋体”，字体大小为“4 点”。其中文字“外文名称”“元气寿司”“总部地点”的字体颜色为“白色”，颜色值为“#ffffff”，字体大小为“3.5 点”。其他文字颜色为“灰色”，颜色值为“# 747474”，文字“Genki Sushi CO., LTD”，字体为“Courier”。如图 11.1.42 所示。

图 11.1.41

图 11.1.42

STEP31 选择“横排文字工具” T，输入“成立时间”“1968 年 12 月”“经营范围”“寿司店”“公司性质”“民营企业”，设置字体为“宋体”，字体大小为“4 点”。其中文字“成立时间”“经营范围”“公司性质 ”的字体颜色为“白色”，颜色值为“#ffffff”，字体大小为“3.5 点”。其他文字颜色为“灰色”，颜色值为“# 747474”，如图 11.1.43 所示。

图 11.1.43

STEP32 元气寿司首页制作完成，按“Ctrl+S”组合键保存。

11.2 “新闻动态”二级页面制作

最终效果图

STEP1~STEP7 操作步骤参照 11.1 章节的 STEP1~STEP7。

STEP8 点击“横排文字工具” T，输入“餐厅简介”“新闻动态”“招牌寿司”“店铺环境”“联系我们”，字体为“方正舒体”。“新闻动态”的颜色为“红色”，颜色值为“#ed0404”，其他文字颜色为“黑色”，颜色值为“#101010”，放在相应的位置，如图 11.2.1 所示。

STEP9 新建图层，命名为“英文导航”，点击“横排文字工具” T，输入英文“about us”“dynamic news”“signs of sushi”“store environment”“contact us”，字体为“monotype corsiva”。“dynamic news”的颜色为“白色”，颜色值为“#f1f1f1”，其他文字颜色为“黑色”，颜色值为“#101010”，放在相应的位置，如图 11.2.2 所示。

图 11.2.1

图 11.2.2

STEP10 新建图层，命名为“黑色水墨”，设置前景色颜色值为“#000000”。选择“画笔工具”，画笔取样“喷溅”，如图 11.2.3 所示。在英文“dynamic news”上画一笔，将此图层置于“英文导航”图层下方，如图 11.2.4 所示。

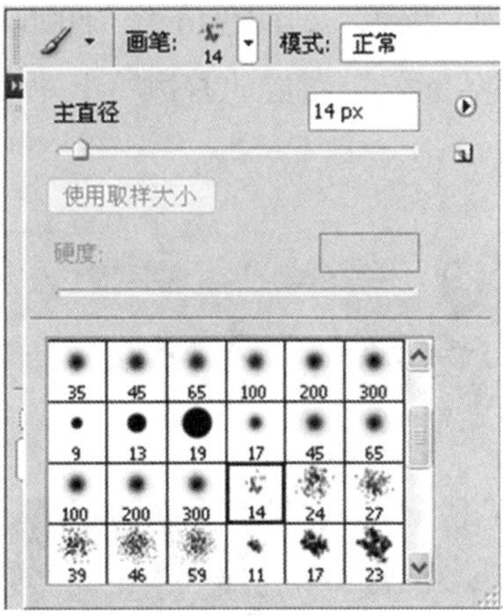

图 11.2.3

图 11.2.4

STEP11~STEP15 操作步骤参照 11.1 章节的 STEP11~STEP15。

STEP16 从素材库中导入图片，将图层命名为“寿司图”，点击“橡皮擦工具”，取样“平头湿水彩笔”，如图 11.2.5 所示。调整画笔大小，在图片的边上擦去几笔，放在相应的位置，如图 11.2.6 所示。

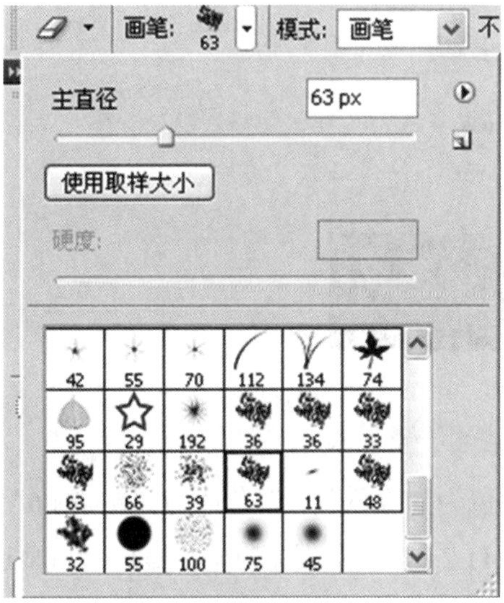

图 11.2.5

图 11.2.6

STEP17 新建图层，命名为“元气”，设置前景色为“黑色”，颜色值为“#000000”，使用“画笔工具”，取样“粉笔”。调整画笔大小，在“寿司图”图层的右边写上“元気”，如图 11.2.7 所示。

STEP18 新建图层，命名为“SUSHI”，设置前景色为“黑色”，颜色值为“#000000”，使用“画笔工具”，取样“粉笔”。调整画笔大小，在“元气”图层的右边写上“SUSHI”，如图 11.2.8 所示。

图 11.2.7

图 11.2.8

STEP19 选择“横排文字工具”，输入“元気寿司は香港、深セン、広州は支店。最近、元気出して「寿司新しい春・賞味」シリーズが、春先に精緻な寿司シリーズを含む極上イカ寿司、蒲焼秋サンマ寿司、新しい香りチーズサーモン巻、箱押三毛寿司や甘海老の軍艦。”设置字体为“ＭＳ ゴシック”，字体颜色为“黑色”，字体大小为“3.5 点”，如图 11.2.9 所示。

图 11.2.9

STEP20 新建图层，命名为“红色水墨”，设置前景色为“黑色”，颜色值为“#e40606”，使用“画笔工具”，取样“干边深描油彩笔”，如图 11.2.10 所示。调整画笔大小，在画面中画上两笔，如图 11.2.11 所示。

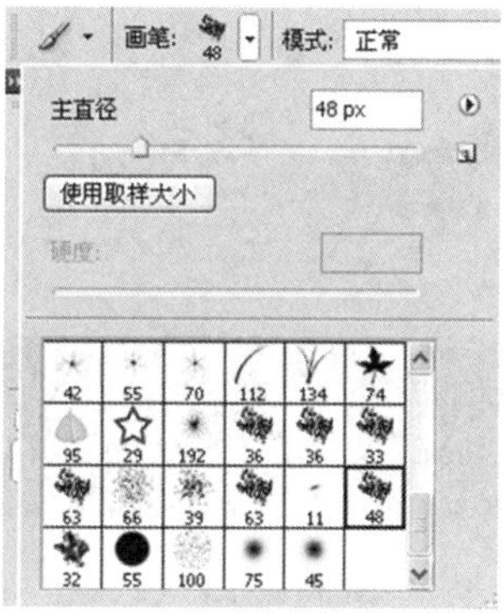

图 11.2.10

图 11.2.11

STEP21 选择“横排文字工具”，输入“最新の消息”，设置字体为“Adobe 楷体 Std”，字体颜色为“白色”，字体大小为“8 点”，如图 11.2.12 所示。

STEP22 新建图层，命名为“方框 1”。设置前景色为“灰色”，颜色值为“#3c3c3c”，选择“矩形选框工具”，设置样式为“固定大小”，“宽度”和“高度”分别为 865px 和 75px，绘制一个矩形，在矩形框内填充“前景色”，如图 11.2.13 所示。

图 11.2.12

图 11.2.13

STEP23 复制“方框 1”图层，命名为“方框 2”，置于“方框 1”图层下方，如图 11.2.14 所示。

STEP24 新建图层，命名为“小箭头 1”，设置前景色为“白色”，颜色值为“#ffffff”，使用“钢笔工具”绘制一个三角形，然后填充颜色，如图 11.2.15 所示。

图 11.2.14

图 11.2.15

STEP25 复制“小箭头 1”图层，命名为“小箭头 2”，置于“小箭头 1”图层下方，如图 11.2.16 所示。

STEP26 选择“横排文字工具”T，输入“元气寿司将开拓中国东部沿海市场”，设置字体为“M S ゴシック”，字体颜色为“白色”，颜色值为“#ffffff”，字体大小为“4 点”，如图 11.2.17 所示。

图 11.2.16

图 11.2.17

STEP27 选择“横排文字工具”T，输入“冬日里的新派寿司”，设置字体为“M S ゴシック”，字体大小为“4 点”，字体颜色为“白色”，颜色值为“#ffffff”，如图 11.2.18 所示。

STEP28 选择“横排文字工具”T，输入“据共同网援引栃木县《下野新闻》的消息称，日本大型回转寿司连锁店‘元气寿司’7 日宣布将在中国沿海地区开设加盟店，并已与当地公司签约。元气寿司称将力争在中国大陆开设 100 家店铺。”设置字体为“M S ゴシック”，字体颜色为“灰色”，颜色值为“#515a5a”，字体大小为“3.5 点”，如图 11.2.19 所示。

图 11.2.18

图 11.2.19

STEP29 选择“横排文字工具”[T]，输入“寿司也开始强调季节性了。最近，元气寿司推出冬日寿司新品，和以清凉爽口的夏季出品截然不同，冬日上市的寿司更强调刺激且更富冲击性的口味，加入了烧烤、辣酱和烧酒等元素，足以令人们体味个中饱满丰富，而温暖的味道。”设置字体为“ＭＳ ゴシック”，字体颜色为“灰色”，颜色值为“#5f5a5a”，字体大小为“3.5点”，如图 11.2.20 所示。

STEP30 选择“横排文字工具”[T]，输入“More”，设置字体为“Courier”，字体颜色为“白色”，颜色值为“#ffffff”，字体大小为“4 点”，如图 11.2.21 所示。

图 11.2.20

图 11.2.21

STEP31 操作步骤同 STEP30，最后效果如图 11.2.22 所示。

图 11.2.22

STEP32 元气寿司“新闻动态”二级页面制作完成，按“Ctrl+S”组合键保存。

11.3 “招牌寿司”二级页面制作

最终效果图

STEP1~STEP7 操作步骤同 11.1 章节的 STEP1~STEP7。

STEP8 点击“横排文字工具”T，输入“餐厅简介”“新闻动态”“招牌寿司”“店铺环境”“联系我们”，字体为“方正舒体”。“招牌寿司”的颜色为“红色”，颜色值为“#ed0404”，其他文字颜色为“黑色”，颜色值为“#101010”，放在相应的位置，如图 11.3.1 所示。

STEP9 新建图层，命名为“英文导航”，点击“横排文字工具”T，输入英文“about us”“dynamic news”“signs of sushi”“store environment”“contact us”，字体为“monotype corsiva”。“signs of sushi”的颜色为“白色”，颜色值为“#f1f1f1”，其他文字颜色为“黑色”，颜色值为“#101010”，放在相应的位置，如图 11.3.2 所示。

图 11.3.1

图 11.3.2

STEP10 新建图层，命名为“黑色水墨”，设置前景色颜色值为“#000000”。选择“画笔工具”，画笔取样“喷溅”，如图 11.3.3 所示。在英文“signs of sushi”上画一笔，将此图层置于“英文导航”图层下方，如图 11.3.4 所示。

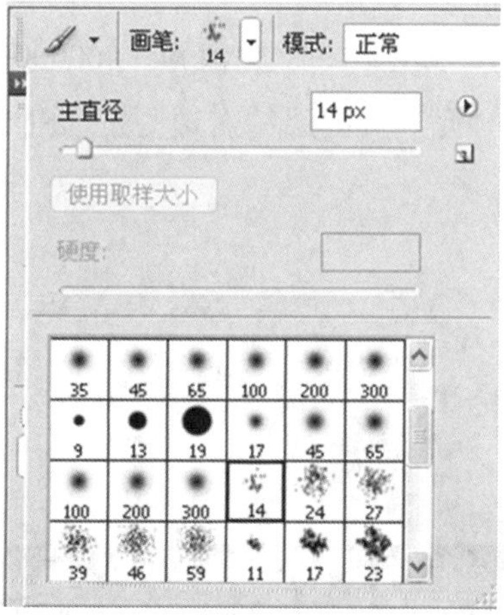

图 11.3.3

图 11.3.4

STEP11~STEP15 操作步骤参照 11.1 章节的 STEP11~STEP15。

STEP16 从素材库中导入图片，将图层命名为“寿司图”，点击“橡皮擦工具”，取样“喷溅”，如图 11.3.5 所示。调整画笔大小，在图片的边上擦去几笔，放在相应的位置，如图 11.3.6 所示。

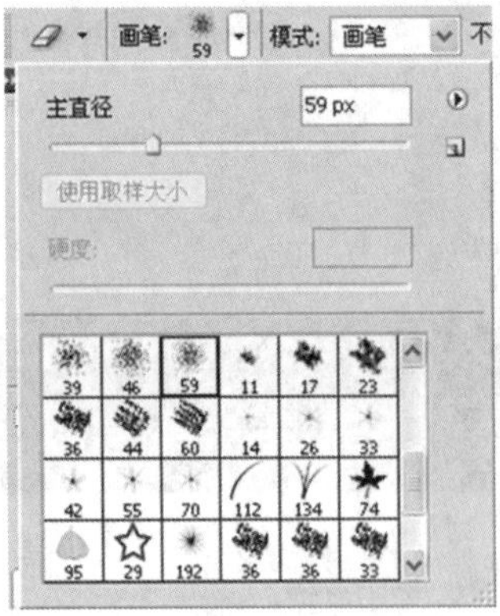

图 11.3.5

图 11.3.6

STEP17 新建图层，命名为“元气”，设置前景色为“黑色”，颜色值为“#000000”，使用“画笔工具”，取样“粉笔”。调整画笔大小，在“寿司图”图层的右边写上“元気”，如图 11.3.7 所示。

STEP18 新建图层，命名为“SUSHI”，设置前景色为“黑色”，颜色值为“#000000”，使用“画笔工具”，取样“粉笔”。调整画笔大小，在“元气”图层的右边写上“SUSHI”，如图 11.3.8 所示。

图 11.3.7

图 11.3.8

STEP19 选择“横排文字工具”T，输入“新鲜美味顶级寿司料理”，设置字体为“M S ゴシック”，字体颜色为“黑色”，字体大小为“6 点”，如图 11.3.9 所示。

STEP20 选择“横排文字工具”T，输入“サーモン寿司は組み合わせが普通の原料も、日本人が大好きな 1 種の魚、一般的な和食レストランでよくそれを見る。”设置字体为“M S ゴシック”，字体颜色为“黑色”，颜色值为“#000000”，字体大小为“3.5 点”，如图 11.3.10 所示。

图 11.3.9

图 11.3.10

STEP21 选择“横排文字工具” T ，输入“MAEST PHPTOS”，设置字体为“Algerian”，字体颜色为“黑色”，颜色值为“#000000”，字体大小为“4 点”，如图 11.3.11 所示。

STEP22 从素材库中依次导入三张图片，分别命名为“图片 1”“图片 2”“图片 3”，按“Ctrl+T”组合键调整图片大小，如图 11.3.12 所示。

图 11.3.11

图 11.3.12

STEP23 新建图层，命名为“小方框”，选择“矩形选框工具” ，绘制一个方框，在“编辑”里选择“描边”，设置颜色为“黑色”，如图 11.3.13 所示。

STEP24 复制两次“小方框”图层，放在相应的位置，如图 11.3.14 所示。

图 11.3.13

图 11.3.14

STEP25 新建图层，命名为“红色水墨”，设置前景色为“黑色”，颜色值为“#e40606”，使用“画笔工具”，取样“干边深描油彩笔”，如图 11.3.15 所示。调整画笔大小，在画面中画上两笔，如图 11.3.16 所示。

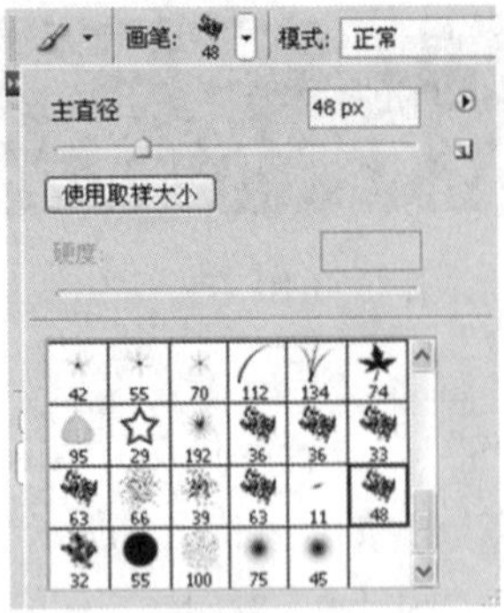

图 11.3.15

图 11.3.16

STEP26 选择“横排文字工具” T ，输入“寿司の源起”，设置字体为“Adobe 楷体 Std”，字体颜色为“白色”，字体大小为“8 点”，如图 11.3.17 所示。

STEP27 选择“横排文字工具” T ，输入“「SUSHI 寿司」、「酸」、即ち塩漬けの食べ物は酸。西暦 200 年後漢、中国から伝わった「寿司」のような食品、辞書を説明するには、塩、酢、米と魚のふくらはぎ制の食品で、宋時代の中国の戦争にちょうど、寿司を避難する食品で、品種は多く、野菜類、魚類、甚だしきに至っては肉類、貝とも。”设置字体为“M S ゴシック”，字体颜色为“白色”，字体大小为“3 点”，如图 11.3.18 所示。

图 11.3.17

图 11.3.18

STEP28 选择“横排文字工具” T ，输入“more”，将图层命名为“more”。设置字体为“Courier”，字体颜色为“白色”，字体大小为“4 点”，如图 11.3.19 所示。

STEP29 复制“more”图层，选择“横排文字工具” T ，设置文字颜色为“灰色”，放在相应的位置，如图 11.3.20 所示。

图 11.3.19

图 11.3.20

STEP30 新建图层，命名为“分割线”，选择“矩形选框工具”，绘制一个细长的方框，如图 11.3.21 所示。

STEP31 从素材库中导入图片，将图层命名为“寿司图 2”，选择“矩形选框工具” 对图片进行处理，放在相应的位置，如图 11.3.22 所示。

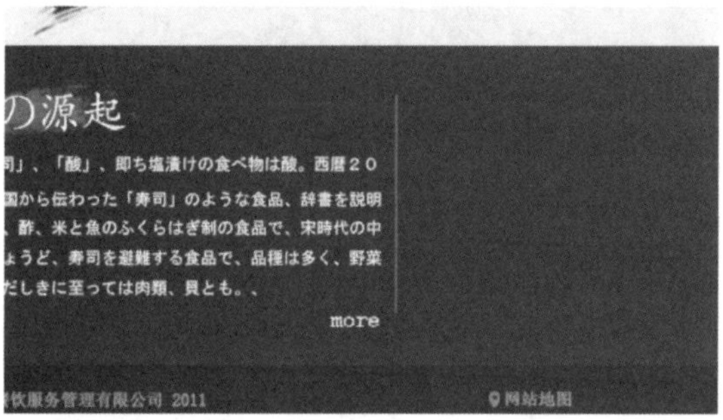

图 11.3.21

图 11.3.22

STEP32 选择“横排文字工具”，输入“新闻动态 Hot Events”，设置字体为“宋体”，文字“新闻动态”的字体大小为“6.5 点”，颜色为“白色”，颜色值为“#f0f0f0”。“Hot Events”的字体大小为“6 点”，颜色为“灰色”，颜色值为“#848484”，如图 11.3.23 所示。

STEP33 新建图层，命名为“灰色方框”。设置前景色为“灰色”，颜色值为“#3c3c3c”，选择“矩形选框工具”，设置样式为“固定大小”，“宽度”和“高度”分别为 270px 和 75px，绘制一个矩形。在矩形框内填充“前景色”，如图 11.3.24 所示。

图 11.3.23

图 11.3.24

STEP34 复制“灰色方框”图层，放在相应的位置，如图 11.3.25 所示。

STEP35 新建图层，命名为“小箭头 1”，设置前景色为“白色”，颜色值为“#ffffff”，使用“钢笔工具”绘制一个三角形，填充“前景色”，如图 11.3.26 所示。

图 11.3.25

图 11.3.26

STEP36 复制“小箭头 1”图层，重命名为“小箭头 2”，放在相应的位置，如图 11.3.27 所示。

STEP37 选择“横排文字工具”，输入“元气寿司推出秋季 7 款新品”“元气寿司八款夏日寿司清新上市”，设置字体为“M S ゴシック”，字体颜色为“白色”，颜色值为“#ffffff”，字体大小为“3.5 点”，如图 11.3.28 所示。

图 11.3.27

图 11.3.28

STEP38 选择“横排文字工具” T，输入“元气寿司推出秋冬新品，包括味道甜美温润的洋风赤海虾寿司 ..”“元气寿司推出全新‘严选·新味’系列，以时令食材炮制了八款清新夏日寿司 ..”设置字体为“ＭＳ ゴシック”，字体颜色为“灰色”，颜色值为“#a19797”，字体大小为“3 点”，如图 11.3.29 所示。

图 11.3.29

STEP39 元气寿司“招牌寿司”二级页面制作完成，按“Ctrl+S”组合键保存。

11.4 “店铺环境”二级页面制作

最终效果图

STEP1~STEP7 操作步骤参照 11.1 章节的 STEP1~STEP7。

STEP8 点击“横排文字工具”T，输入“餐厅简介”“新闻动态”“招牌寿司”“店铺环境”“联系我们”，字体为“方正舒体”。“店铺环境”的颜色为“红色”，颜色值为“#ed0404”，其他文字颜色为“黑色”，颜色值为“#101010”，放在相应的位置，如图 11.4.1 所示。

STEP9 新建图层，命名为“英文导航”，点击“横排文字工具”T，输入英文“about us”“dynamic news”“signs of sushi”“store environment”“contact us”，字体为“monotype corsiva”。“store environment”的颜色为“白色”，颜色值为“#f1f1f1”，其他文字颜色为“黑色”，颜色值为“#101010”，放在相应的位置，如图 11.4.2 所示。

图 11.4.1

图 11.4.2

STEP10 新建图层，命名为“黑色水墨”，设置前景色颜色值为“#000000”。选择“画笔工具”，画笔取样“喷溅”，如图 11.4.3 所示。在英文“store environment”上画一笔，将此图层置于“英文导航”图层下方，如图 11.4.4 所示。

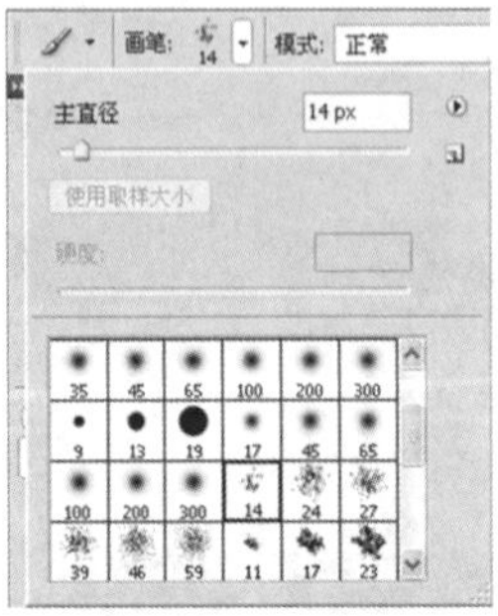

图 11.4.3

图 11.4.4

STEP11~STEP15 操作步骤参照 11.1 章节的 STEP11~STEP15。

STEP16 从素材库中导入图片，将图层命名为“寿司图”，点击“橡皮擦工具”，取样“粉笔”，如图 11.4.5 所示。调整画笔大小，在图片的边上擦去几笔，放在相应的位置，如图 11.4.6 所示。

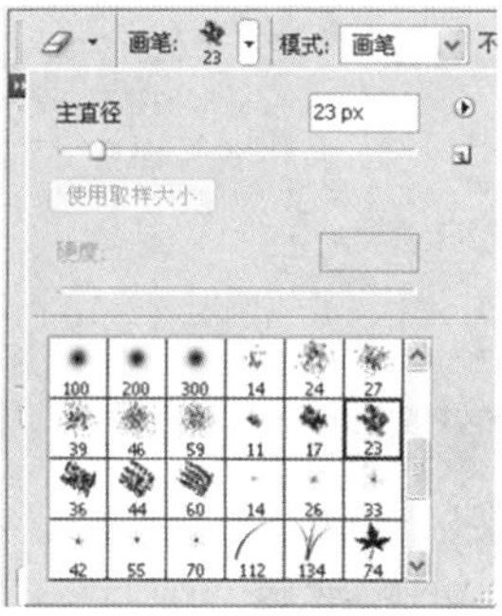

图 11.4.5

图 11.4.6

STEP17 新建图层，命名为“元气”，设置前景色为“黑色”，颜色值为“#000000”，使用“画笔工具”，取样“粉笔”。调整画笔大小，在“寿司图”图层的右边写上“元気”，如图 11.4.7 所示。

STEP18 新建图层，命名为“SUSHI”，设置前景色为“黑色”，颜色值为“#000000”，使用“画笔工具”， 取样“粉笔”。调整画笔大小，在“元气”图层的右边写上“SUSHI”，如图 11.4.8 所示。

图 11.4.7

图 11.4.8

STEP19 选择“横排文字工具”T，输入“元気食屋寿司屋に専念し美味しいお寿司店で、環境は優雅、製品コカ、時間があるときに、ぜひ来て下さい.”设置字体为“M S ゴシック”，字体颜色为“白色”，字体大小为“4 点”，如图 11.4.9 所示。

图 11.4.9

STEP20 新建图层，命名为“红色水墨”，设置前景色为“黑色”，颜色值为“#e40606”，使用“画笔工具”，取样“干边深描油彩笔”，如图 11.4.10 所示。调整画笔大小，在画面中画上两笔，如图 11.4.11 所示。

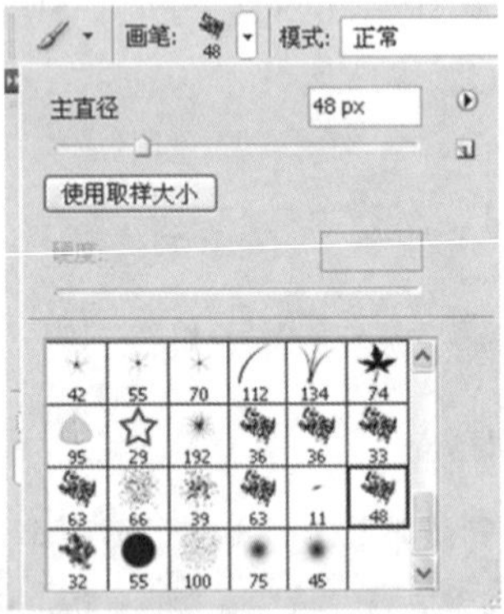

图 11.4.10

图 11.4.11

STEP21 选择“横排文字工具”T，输入“店铺の环境”，设置字体为“Adobe 楷体 Std”，字体颜色为“白色”，字体大小为“8 点”，如图 11.4.12 所示。

STEP22 从素材库中导入一张图片，将图层命名为“图片 1”，按“Ctrl+T”组合键调整图片大小，放在相应的位置，如图 11.4.13 所示。

图 11.4.12

图 11.4.13

STEP23 从素材库中导入一张图片，将图层命名为“图片 2”，按“Ctrl+T”组合键调整图片大小，放在相应的位置，如图 11.4.14 所示。

STEP24 从素材库中导入一张图片，将图层命名为“图片 3”，按“Ctrl+T”组合键调整图片大小，放在相应的位置，如图 11.4.15 所示。

图 11.4.14

图 11.4.15

STEP25 新建图层，命名为“小方框”，选择“矩形选框工具”，设置样式为“固定大小”，“宽度”和“高度”分别为 235px 和 135px，绘制一个方框，描边大小为 5 像素，如图 11.4.16 所示。

STEP26 复制“小方框”图层，命名为“小方框 2”，放在相应的位置，如图 11.4.17 所示。

图 11.4.16

图 11.4.17

STEP27 复制“小方框”图层，命名为“小方框 3”，放在相应的位置，如图 11.4.18 所示。

STEP28 选择“横排文字工具”T，输入“More”，设置字体为“Courier”，字体颜色为“白色”，字体大小为“4 点”，如图 11.4.19 所示。

图 11.4.18

图 11.4.19

STEP29 元气寿司“店铺环境”二级页面制作完成，按“Ctrl+S”组合键保存。

11.5 “联系我们”二级页面制作

最终效果图

STEP1~STEP7 操作步骤参照 11.1 章节的 STEP1~STEP7。

STEP8 点击“横排文字工具”T，输入“餐厅简介”“新闻动态”“招牌寿司”“店铺环境”“联系我们”，字体为“方正舒体”。“联系我们”的颜色为“红色”，颜色值为“#ed0404”，其他文字颜色为“黑色”，颜色值为“#101010”，放在相应的位置，如图 11.5.1 所示。

STEP9 新建图层，命名为“英文导航”，点击“横排文字工具”T，输入英文“about us”“dynamic news”“signs of sushi”“store environment”“contact us”，字体为“monotype corsiva”。“contact us”的颜色为“白色”，颜色值为“# f1f1f1”，其他文字颜色为“黑色”，颜色值为“# 101010”，放在相应的位置，如图 11.5.2 所示。

图 11.5.1

图 11.5.2

STEP10 新建图层，命名为“黑色水墨”，设置前景色颜色值为“#000000”。选择“画笔工具”，画笔取样“喷溅”，如图 11.5.3 所示。在英文“contact us”上画一笔，将此图层置于“英文导航”图层下方，如图 11.5.4 所示。

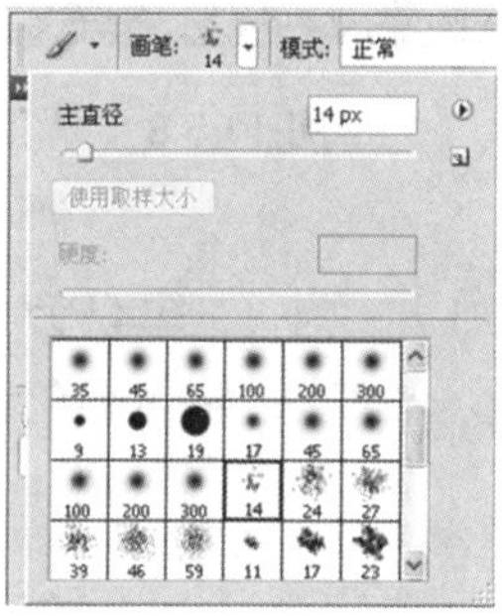

图 11.5.3

图 11.5.4

STEP11~STEP15 操作步骤参照 11.1 章节的 STEP11~STEP15。

STEP16 从素材库中导入图片，将图层命名为“寿司图”，选择“橡皮擦工具”，取样“半湿描油彩笔”，如图 11.5.5 所示。调整画笔大小，在图片的边上擦去几笔，放在相应的位置，如图 11.5.6 所示。

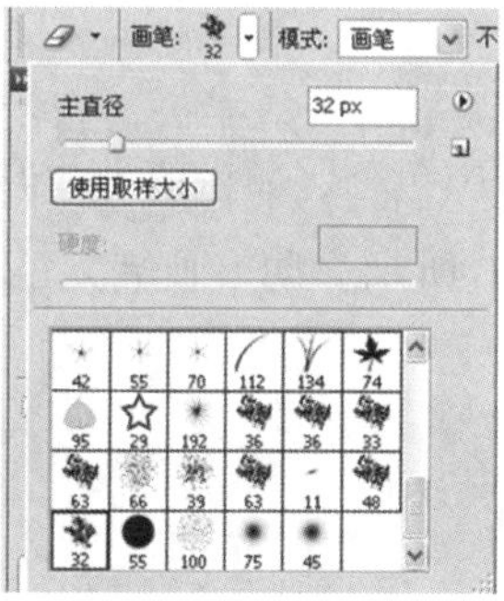

图 11.5.5

图 11.5.6

STEP17 新建图层，命名为“元气”，设置前景色为“黑色”，颜色值为“#000000”，使用“画笔工具”，取样“粉笔”。调整画笔大小，在“寿司图”图层的右边写上“元気”，如图 11.5.7 所示。

STEP18 新建图层，命名为“SUSHI”，设置前景色为“黑色”，颜色值为“#000000”，使用“画笔工具”，取样“粉笔”。调整画笔大小，在“元气”图层的右边写上“SUSHI”，如图 11.5.8 所示。

图 11.5.7

图 11.5.8

STEP19 选择“横排文字工具”，输入“ほしいため 1 ビットの顧客のために美しい 寿司忘れられない環境で食事や体験.”设置字体为“ＭＳ ゴシック”，字体颜色为“白色”，字体大小为“4 点”，如图 11.5.9 所示。

图 11.5.9

STEP20 新建图层，命名为“红色水墨”，设置前景色为“黑色”，颜色值为“# e40606”，使用“画笔工具”，取样“干边深描油彩笔”，如图 11.5.10 所示。调整画笔大小，在画面中画上两笔，如图 11.5.11 所示。

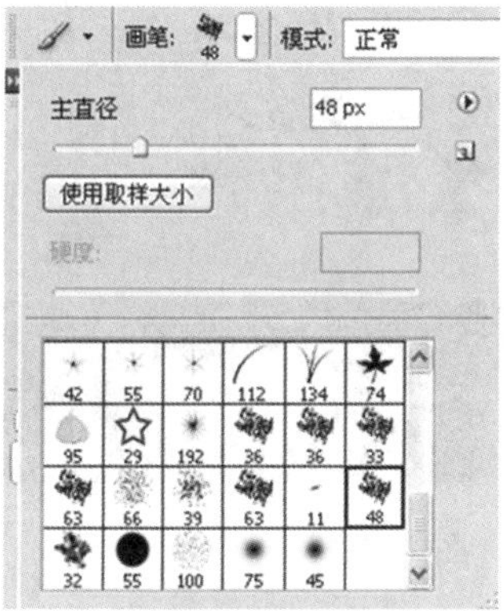

图 11.5.10

图 11.5.11

STEP21 选择“横排文字工具”T，输入“联系我们”，设置字体为“Adobe 楷体 Std”，字体颜色为“白色”，字体大小为“8 点”，如图 11.5.12 所示。

STEP22 新建图层，命名为“灰色方框”。设置前景色为“灰色”，颜色值为“#3c3c3c”，选择“矩形选框工具”，设置样式为“固定大小”，“宽度”和“高度”分别为 860px 和 130px，绘制一个矩形，在矩形框内填充“前景色”，如图 11.5.13 所示。

图 11.5.12

图 11.5.13

STEP23 选择“横排文字工具”T，设置前景色为“白色”，颜色值为“#ffffff”，输入“欢迎你向元气寿司提供建议或咨询，让我们做到更好！ 请将你的问题反馈电邮发送到 info@genki.com.cn。感谢你对元气寿司的支持！”设置字体为“Adobe 楷体 Std”，字体大小为“4 点”，如图 11.5.14 所示。

STEP24 从素材库中导入图片，将图层命名为“图片”，选择“矩形选框工具”，对图片进行处理，如图 11.5.15 所示。

图 11.5.14

图 11.5.15

STEP25 元气寿司“联系我们”二级页面制作完成，按“Ctrl+S”组合键保存。

12 肯德基品牌网页美工设计

12.1 肯德基首页制作

最终效果图

STEP1 打开 Photoshop CS4，在 Photoshop CS4 中新建一个名称为“肯德基首页”，“宽度”和“高度”分别为 1280 像素和 1024 像素，“分辨率”为 100 像素 / 英寸的白色背景文档，如图 12.1.1 所示。

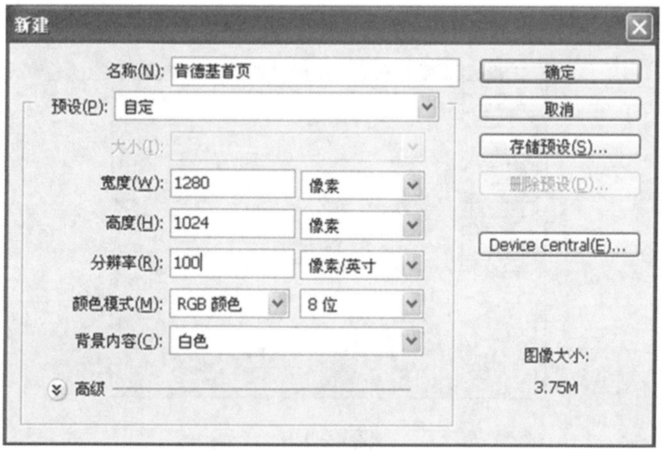

图 12.1.1

STEP2 新建图层，命名为“背景”，设置前景色为“白色”，颜色值为“#ffffff”，背景色为“红色”，颜色值为“#a60000”，选择“渐变工具” —“线性渐变 ”，拉出后效果如图 12.1.2 所示。

STEP3 新建图层，命名为“红色色块”，选择“矩形选框工具” ，在画布顶端绘制一个矩形，按“Ctrl+Delete”组合键填充颜色，效果如图 12.1.3 所示。

图 12.1.2

图 12.1.3

STEP4 选择“移动工具” ，按“Alt”键，拖曳“红色色块”图层，复制一个副本，按“Ctrl+T”组合键调整高度，将其调至图层最下方，效果如图 12.1.4 所示。在“图层”面板中单击“添加图层样式” 按钮，为“红色色块副本”图层添加“斜面和浮雕”样式，参数如图 12.1.5 所示，完成后效果如图 12.1.6 所示。

图 12.1.4

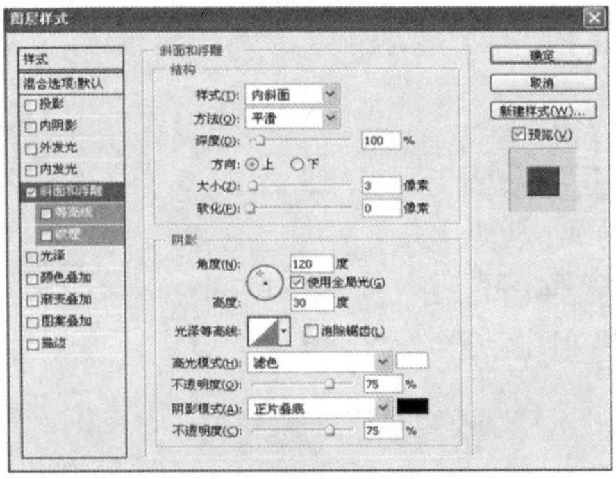

图 12.1.5

图 12.1.6

STEP5 新建图层，命名为“橙色色块”，设置前景色为“橙色”，颜色值为“#ff6c00”，选择“矩形选框工具”，绘制一个矩形，按“Alt+Delete”组合键填充颜色，效果如图 12.1.7 所示。选择“移动工具”，按“Alt”键，拖曳“橙色色块”图层，复制两个副本，将其放在合适位置，效果如图 12.1.8 所示。

图 12.1.7

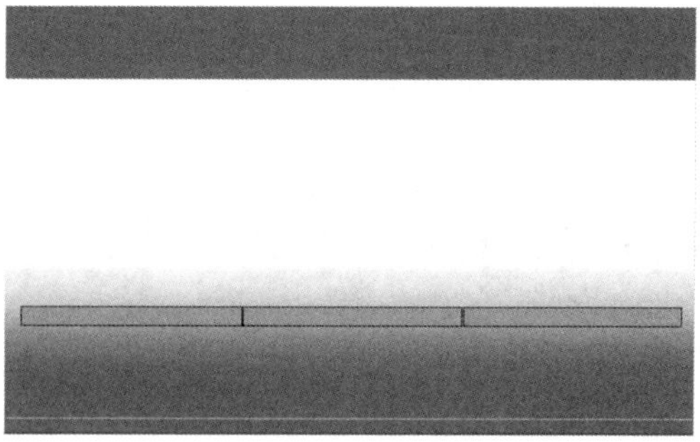

图 12.1.8

STEP6 新建图层，命名为“白色色块”，设置前景色为“白色”，颜色值为“#ffffff”，选择“矩形选框工具”，绘制一个矩形，按“Alt+Delete”组合键填充颜色，效果如图 12.1.9 所示。设置不透明度为 50%，点击“移动工具”，按“Alt”键，拖曳“白色色块”图层，复制两个副本，将其放在合适位置，效果如图 12.1.10 所示。

图 12.1.9

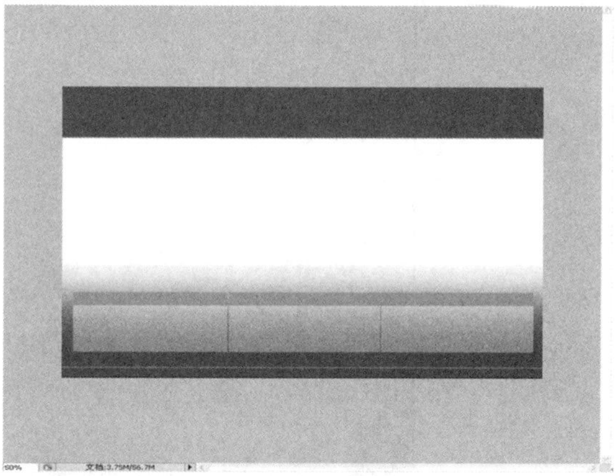

图 12.1.10

STEP7 新建图层，命名为“弧形”，设置前景色为“深红色”，颜色值为“#5a0000”，选择“钢笔工具”画出路径，如图 12.1.11 所示。选择“转换点工具”，调整弧度，点击路径，选择“将路径作为选区载入”，按“Alt+Delete”组合键填充颜色，设置不透明度为 16%，效果如图 12.1.12 所示。

图 12.1.11

图 12.1.12

STEP8 复制“弧形”图层，按“Ctrl+T”组合键，然后单击右键选择“变形”，如图 12.1.13 所示，调整后效果如图 12.1.14 所示。依此类推，再复制三个副本调整后放在相应位置，效果如图 12.1.15 所示。

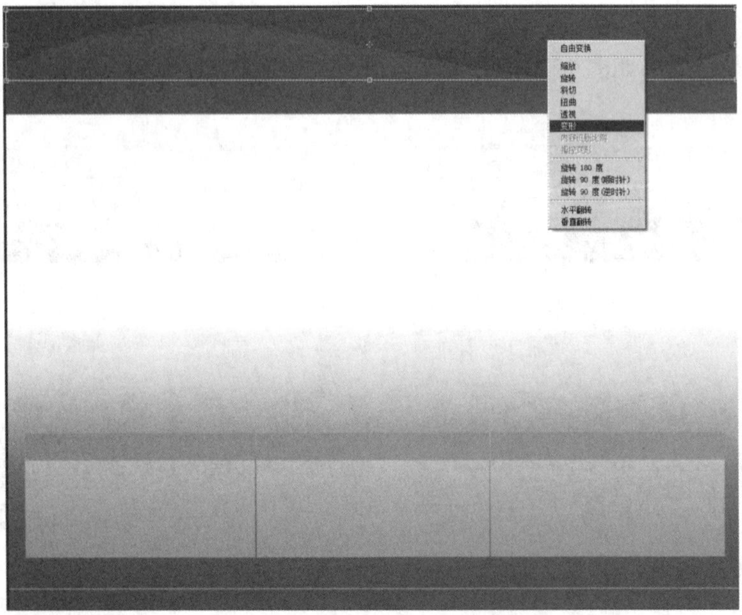

图 12.1.13

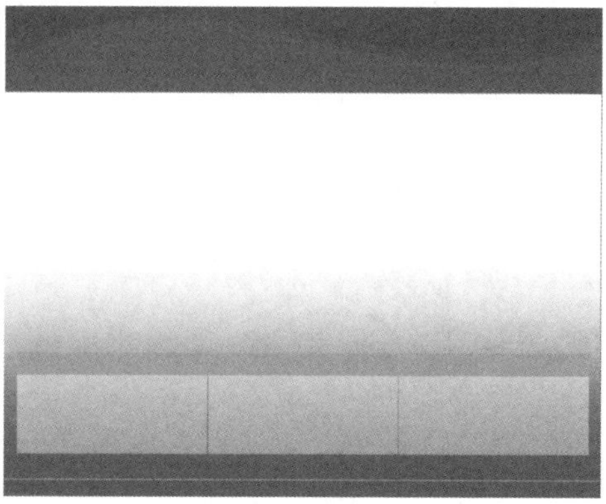

图 12.1.14

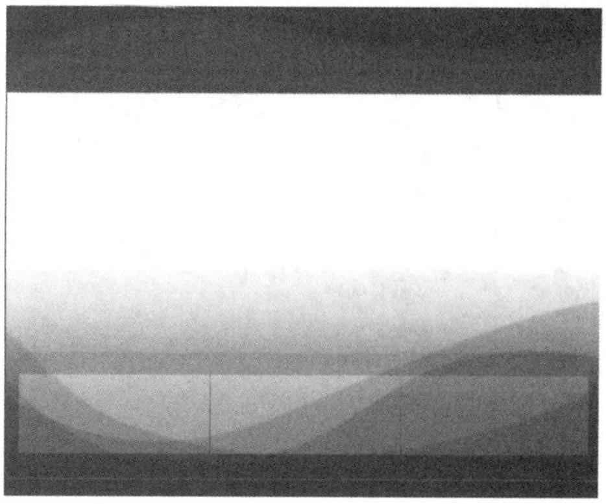

图 12.1.15

STEP9 新建图层，命名为“渐变”，设置前景色为“红色”，颜色值为“#690000”，选择“矩形选框工具”，绘制一个矩形，选择“渐变工具”，打开“渐变拾取器”，选择“前景色到透明渐变”，按“shift”键在矩形框里拉出效果，如图 12.1.16 所示。按“Ctrl+T”组合键调整高度，把它放在“红色色块”图层的最下边缘，效果如图 12.1.17 所示。

图 12.1.16

图 12.1.17

STEP10 新建图层，命名为“搜索框”，设置前景色为“白色”，颜色值为“#ffffff”，选择“矩形选框工具”，绘制一个矩形，按“Alt+Delete”组合键填充颜色，效果如图 12.1.18 所示。在“图层”面板中单击“添加图层样式”按钮，添加“投影”样式，参数如图 12.1.19 所示，完成后效果如图 12.1.20 所示。

图 12.1.18

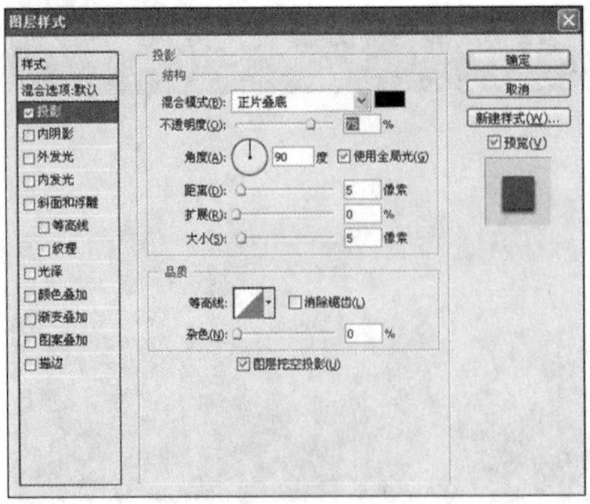

图 12.1.19

图 12.1.20

STEP11 新建图层，命名为“搜索按钮”，设置前景色为“灰色”，颜色值为“#8f8f8e”，选择“矩形选框工具” ，绘制一个矩形，按“Alt+Delete”组合键填充颜色，效果如图 12.1.21 所示。在 “图层”面板中单击“添加图层样式” 按钮，添加“斜面和浮雕”样式，参数如图 12.1.22 所示，完成后效果如图 12.1.23 所示。

图 12.1.21

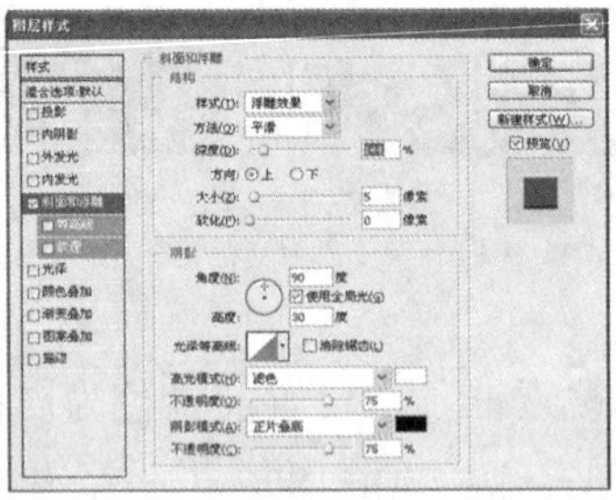

图 12.1.22

图 12.1.23

STEP12 新建图层，命名为“圆”，设置前景色为“粉红色”，颜色值为“#ffd9d9”，选择“椭圆选框工具” ，绘制出多个大小不同的圆形，按“Alt+Delete”组合键填充颜色，效果如图 12.1.24 所示。设置不透明度为 28%，效果如图 12.1.25 所示。

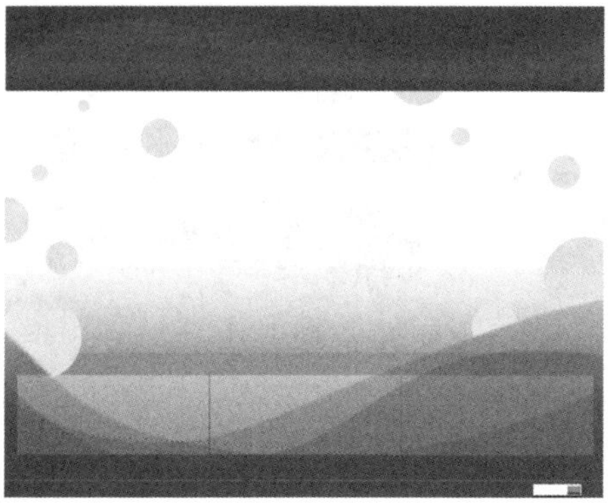

图 12.1.24

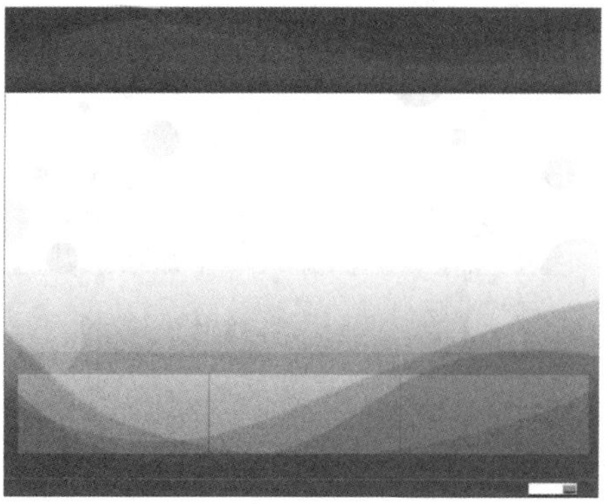

图 12.1.25

STEP13 新建图层，命名为“导航”，设置前景色为“白色”，颜色值为“#ffffff”，选择“椭圆选框工具”，羽化像素为 5px，绘制一个椭圆形，按“Alt+Delete”组合键填充颜色，效果如图 12.1.26 所示。按“Ctrl+T”组合键调整高度，设置不透明度为 50%，效果如图 12.1.27 所示。

图 12.1.26

图 12.1.27

STEP14 按“Alt”键复制“导航”图层，复制三个副本，将其放在合适位置，在“图层”面板中单击“添加图层样式” fx 按钮，添加“颜色叠加”，参数如图 12.1.28 所示，效果如图 12.1.29 所示。

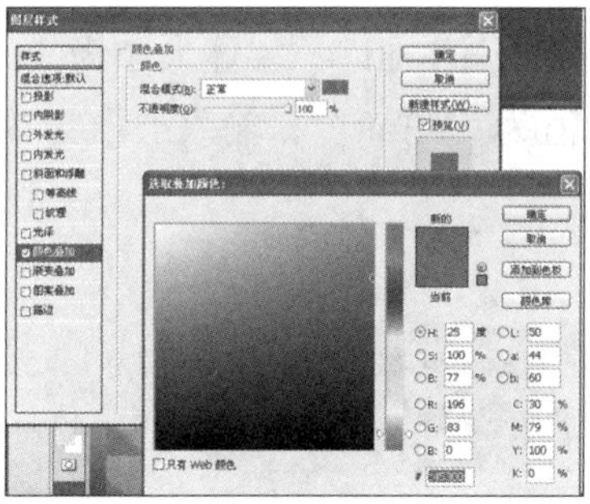

图 12.1.28

图 12.1.29

STEP15 新建图层，命名为“分隔线”，设置前景色为“红色”，颜色值为“#c40000”，选择“椭圆选框工具”，羽化像素调为 5px，绘制一个圆形，按“Alt+Delete”组合键填充颜色，效果如图 12.1.30 所示。按“Ctrl+T”组合键调整高度，效果如图 12.1.31 所示。

图 12.1.30

图 12.1.31

STEP16 按“Alt”键复制“分隔线”图层，复制四个副本，将其放在合适位置，效果如图 12.1.32 所示。

图 12.1.32

STEP17 选择“横排文字工具”T，设置字体为“Adobe 黑体 Std”，字体大小为“20 点”，消除锯齿方法为“浑厚”，字体颜色为“白色”，颜色值为“#ffffff”，输入“首页”“产品系列”“套餐优惠”“关于我们”，如图 12.1.33 所示。复制文字，按“Ctrl+T”组合键，单击右键选择“垂直翻转”，调整位置后效果如图 12.1.34 所示。点击“添加图层蒙版”，选择“渐变工具”—“线性渐变”，拉出后效果如图 12.1.35 所示。

图 12.1.33

图 12.1.34

图 12.1.35

STEP18 选择“横排文字工具”T，设置字体为“Adobe 黑体 Std”，字体大小为“10.08 点”，消除锯齿方法为“浑厚”，字体颜色为“白色”，颜色值为“#ffffff”，输入“设为首页”“收藏本站”“登录 | 注册”“帮助”，效果如图 12.1.36 所示。

图 12.1.36

STEP19 选择“横排文字工具”T，设置字体为“幼圆”，字体大小为“20 点”，消除锯齿方法为“浑厚”，文字颜色为“黑色”，颜色值为“#050505”，输入“最新动态”“订餐热线”“客户服务中心”，调整位置后效果如图 12.1.37 所示。

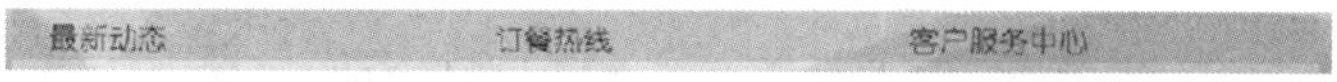

图 12.1.37

STEP20 选择“横排文字工具”，设置字体为“幼圆”，字体大小为“12.96 点”，消除锯齿方法为“浑厚”，字体颜色为“黑色”，颜色值为“#050505”，复制 word 文档“肯德基文字素材”第 1 段，调整位置后如图 12.1.38 所示。更改文字“2014–9–30”“2014–9–1”“2014–7–7”“2014–6–1”“4008–823–823”“4008–666–666”“7×24 小 时 为 您 服 务”“WWW.KFC@163.COM”为“红色”，颜色值为“#a60000”，效果如图 12.1.39 所示。

图 12.1.38

图 12.1.39

STEP21 选择“横排文字工具”，设置字体为“幼圆”，字体大小为“5.76 点”，消除锯齿方法为“浑厚”，字体颜色为“黑色”，颜色值为“#050505”，输入“友情链接 | 在线帮助 | 信息反馈 | 投诉建议”“版权所有 Copyright2013–2014 KFC 中国有限公司”“搜索”，分别调至页面最下方居中和“搜索按钮”图层上面居中，效果如图 12.1.40 所示。

图 12.1.40

STEP22 从肯德基素材库中导入“肯德基 logo.jpg”“肯德基口号 .jpg”“肯德基文字 .jpg”，将三个图片调好大小分别放在适当位置，效果如图 12.1.41 所示。

图 12.1.41

STEP23 从肯德基素材库中导入图片“套餐 .jpg”“可乐 + 汉堡 .jpg”“粥 .jpg”，将图层分别命名为“套餐”“可乐 + 汉堡”“粥”，将三个图层调好大小分别放在适当位置，在图层的下方选择“正片叠底”，如图 12.1.42 所示。设置“可乐 + 汉堡”“粥”图层不透明度为 80%，如图 12.1.43 所示。

图 12.1.42

图 12.1.43

STEP24 选择“横排文字工具” T，设置字体为“幼圆”，字体大小为“10.33 点”，消除锯齿方法为“浑厚”，字体颜色为“黑色”，颜色值为“#050505”，输入“蛋挞（6 个）+ 鸡腿堡 + 香辣烤肉堡 + 川辣嫩牛卷 + 鸡块（3 对）+ 可乐”，将文字放在套餐的左边，如图 12.1.44 所示。

图 12.1.44

STEP25 新建图层，命名为“箭头”，设置前景色为“深红色”，颜色值为“#5a0000”，选择“钢笔工具”，画出一个三角形，填充颜色，如图 12.1.45 所示。在“图层”面板中单击“添加图层样式” fx 按钮，添加“斜面与浮雕”样式，参数如图 12.1.46 所示，完成后效果如图 12.1.47 所示。

图 12.1.45

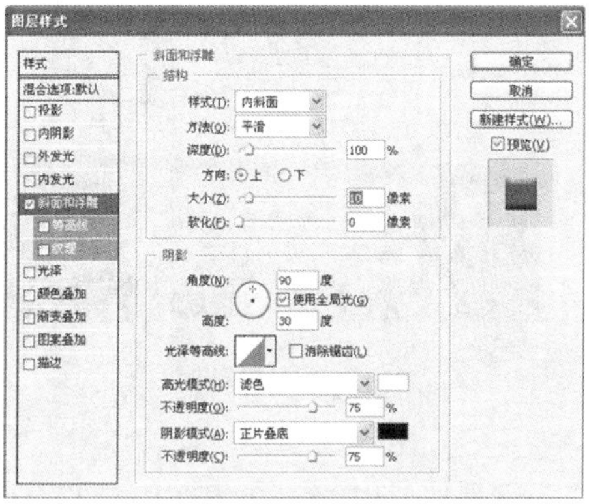

图 12.1.46

图 12.1.47

STEP26 复制“箭头”图层，按“Ctrl+T”组合键，然后单击右键选择“水平翻转”，效果如图 12.1.48 所示。最后，将两个箭头放在合适位置，效果如图 12.1.49 所示。

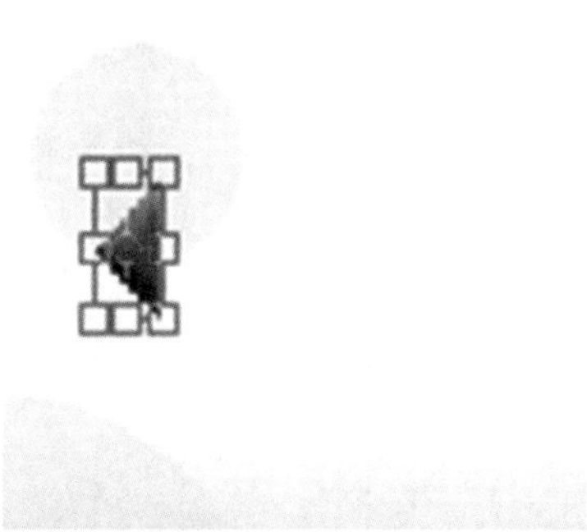

图 12.1.48

图 12.1.49

STEP27 肯德基首页制作完成，按“Ctrl+S”组合键保存。

▌12.2 “产品系列”二级页面制作

最终效果图

STEP1~STEP22 操作步骤参照 12.1 章节的 STEP1~STEP22。

STEP23 将“导航”图层和“导航副本”图层交换位置，效果如图 12.2.1 所示。

图 12.2.1

STEP24 选择“横排文字工具” T，设置字体为“黑体”，字体大小为“20 点”，消除锯齿方法为“浑厚”，字体颜色为“黑色”，颜色值为“# 050505”，输入“现熬好粥”“美味汉堡”“轻松卷类”“法风烧饼被蛋卷”“小食配餐”“缤纷饮料”，将文字“美味汉堡”颜色更改为“红色”，颜色值为“#fc0202”，效果如图 12.2.2 所示。在“图层”面板中单击“添加图层样式” fx 按钮，添加“投影”样式，参数如图 12.2.3 所示。

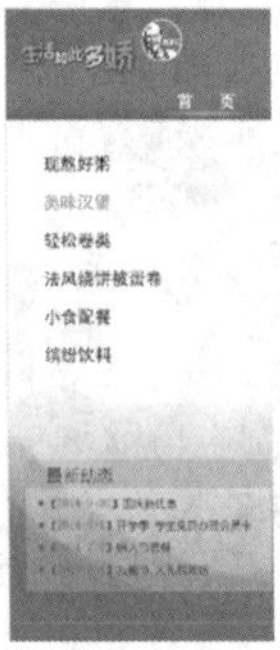

图 12.2.2

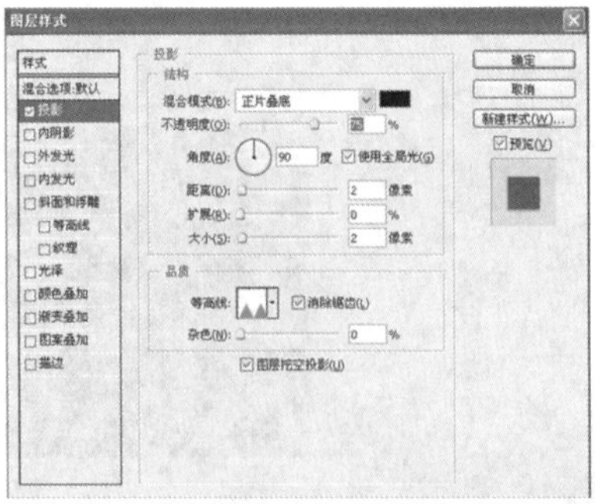

图 12.2.3

STEP25 从肯德基素材库中导入“汉堡 1.jpg”“汉堡 2.jpg”，将图层分别命名为“汉堡 1”“汉堡 2”，调好大小分别放在适当位置。在“图层”面板中单击“添加图层样式” fx 按钮，添加“描边”样式，设置大小为 1 像素，填充颜色为“橙色”，颜色值为“#ff6c00”，效果如图 12.2.4 所示。

STEP26 选择“横排文字工具” T，设置字体为“华文仿宋”，字体大小为“14 点”，消除锯齿方法为“浑厚”，字体颜色为“黑色”，颜色值为“#050505”，输入“至珍全虾堡”“嫩鸡玉米鸡肉堡”“川香双层鸡腿堡”“双层牛肉堡”“芝士猪柳蛋堡”“香嫩烤肉堡”“新奥尔良鸡堡”“香辣鸡腿堡”，调整间距，效果如图 12.2.5 所示。

图 12.2.4

图 12.2.5

STEP27 新建图层，命名为“白色圆圈”，设置前景色为“白色”，颜色值为“#ffffff”，选择“椭圆选框工具” ◌，绘制出一个小圆，按“Alt+Delete”组合键填充颜色，放在合适位置，效果如图 12.2.6 所示。

STEP28 选择“横排文字工具” T，设置字体为“黑体”，字体大小为“13 点”，消除锯齿方法为“浑厚”，字体颜色为“黑色”，颜色值为“#050505”，输入“1 2 3 4”，调整间距和位置，效果如图 12.2.7 所示。

图 12.2.6

图 12.2.7

STEP29 肯德基“产品系列”二级页面制作完成，按“Ctrl+S”组合键保存。

12.3 “套餐优惠”二级页面制作

最终效果图

STEP1~STEP22 操作步骤参照 12.1 章节的 STEP1~STEP22。

STEP23 将“导航”图层和“导航副本 2”图层交换位置，效果如图 12.3.1 所示。

图 12.3.1

STEP24 从肯德基素材库中导入“冰淇淋 .jpg”“虾饼 .jpg”“烧饼 .jpg”“套餐 AB.jpg”，将图层分别命名为“冰淇淋”“虾饼”“烧饼”“套餐 AB”，调好大小分别放在适当位置，效果如图 12.3.2 所示。

图 12.3.2

STEP25 肯德基“套餐优惠”二级页面制作完成，按“Ctrl+S”组合键保存。

12.4 “关于我们”二级页面制作

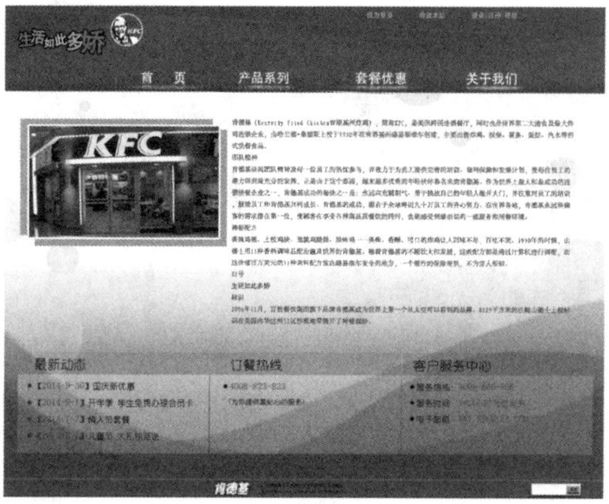

最终效果图

STEP1~STEP22 操作步骤参照 12.1 章节的 STEP1~STEP22。

STEP23 将“导航”图层和“导航副本 3”图层交换位置，效果如图 12.4.1 所示。

图 12.4.1

STEP24 新建图层，命名为“浅红色色块”，设置前景色为“浅红色”，颜色值为“#e58787”，选择“矩形选框工具”，在画布绘制一个矩形，按“Ctrl+Delete”组合键填充颜色，效果如图 12.4.2 所示。复制“浅红色色块”图层，放在相应位置，效果如图 12.4.3 所示。

图 12.4.2

图 12.4.3

STEP25 从肯德基素材库中导入“店面.jpg”，将图层命名为“店面”，调好大小放在适当位置，效果如图 12.4.4 所示。在“图层”面板中单击“添加图层样式” fx 按钮，添加“描边”样式，设置大小为 4 像素，填充颜色为“橙色”，颜色值为“#ffffff”，效果如图 12.4.5 所示。

图 12.4.4

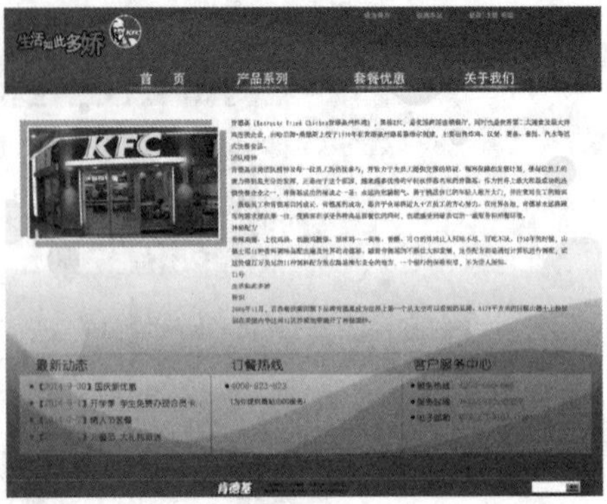

图 12.4.5

STEP26 选择“横排文字工具” T，设置字体为“Adobe 仿宋 Std”，字体大小为“10 点”，消除锯齿方法为“浑厚”，文字颜色为“黑色”，颜色值为“#050505”，导入 word 文档“肯德基文字素材”第 2 段，调整位置，效果如图 12.4.6 所示。

图 12.4.6

STEP27 肯德基“关于我们”二级页面制作完成，按“Ctrl+S”组合键保存。